한 번 읽으면
절대 잊을 수 없는
물리 교과서

한 번 읽으면
절대 잊을 수 없는
물리 교과서

이케스에 쇼타 지음 | **이선주** 옮김

시그마북스
Sigma Books

한 번 읽으면 절대 잊을 수 없는
물리 교과서

발행일 2023년 4월 10일 초판 1쇄 발행
       2024년 8월 1일 초판 3쇄 발행
지은이 이케스에 쇼타
옮긴이 이선주
발행인 강학경
발행처 시그마북스
마케팅 정제용
에디터 최윤정, 최연정, 양수진
디자인 김문배, 강경희, 정민애

등록번호 제10-965호
주소 서울특별시 영등포구 양평로 22길 21 선유도코오롱디지털타워 A402호
전자우편 sigmabooks@spress.co.kr
홈페이지 http://www.sigmabooks.co.kr
전화 (02) 2062-5288~9
팩시밀리 (02) 323-4197
ISBN 979-11-6862-121-3 (03420)

물리에는 하나의 스토리가 있다!

'공식만 외우면 안 됩니다!'

제 물리 수업을 듣는 대학 수험생들에게 가장 먼저 하는 말입니다. 처음에 이 말부터 하는 이유는 물리 공부를 '공식을 외우고, 숫자를 공식에 집어넣어 계산해야 한다'라고 생각하는 사람이 너무 많기 때문입니다.

고등학교 물리에는 100개 정도의 공식이 등장합니다. 의미도 잘 모르는 숫자나 기호의 나열을 100개나 암기하는 일은 전화번호를 100개를 암기하는 일과 다르지 않습니다. 이런 공부는 고행일 뿐이지요.

물리에는 공식이라고 부르는 수식이나 전문 용어가 많이 나오는데 그것들은 '물리 나무'에 돋아난 '잎'에 지나지 않습니다. **물리 공부에서는 '물리 나무'의 '줄기'를 이해하는 일이 가장 중요합니다. '줄기'란 공식이 생긴 배경, 즉 '스토리'입니다.** 스토리를 한번 이해해두면 억지로 공식을 외우려고 하지 않아도 스스로 유도(스스로 처음부터 식을 세워 답을 도출)할 수 있습니다.

물리의 스토리란 도대체 무엇일까요?

본편에서 다시 자세하게 이야기하겠지만, 고등학교 물리에서 다루는 내용은 물리학 분야 중 '고전 물리학'입니다. 고전 물리학은 17세기 뉴턴이 발견한 운동 방정식에서 시작됩니다(뉴턴 역학).

당시 과학자들은 뉴턴의 역학적 개념을 바탕으로 물체의 운동이나 열, 파동, 전자기 등의 물리 현상을 시행착오를 거치면서 하나씩 풀고 밝혔는데, 19세기 말 즈음 설명할 수 없는 다양한 물리 현상에 직면했습니다.

그렇게 고전 물리학은 종식을 맞이하고 대학 물리에서 다루는 양자론의 시대가 시작되었습니다. 이것이 고등학교 물리 내용의 이면에 흐르는 스토리의 큰 줄기입니다.

이 책에서는 물리의 각 단원 해설과 함께 과학자의 이름과 공식의 배경을 가능한 한 잘 구성해 넣어서 이야기가 잘 떠오르도록 노력했습니다. 그렇게 해서 이 책이 **물리의 기초를 이해하기 위한 참고서의 역할과 위대한 과학의 천재들이 몸과 마음을 다해 이루어 낸 물리의 장대한 역사를 맛보는 읽을거리의 역할을 동시에 해내는, 지금까지 없었던 물리 입문서**가 되었다고 생각합니다.

이 책의 제목에는 **'한 번 읽으면 절대로 잊을 수 없는'**이라는 말이 들어가 있습니다. 분명 이 책을 읽는 많은 분이 '많은 공식을 한 번 읽어서 외우다니 말도 안 돼!'라고 생각하겠지요. 하지만 사실 물리는 원래 외울 필요가 거의 없는 과목입니다. 학생 시절, 공식을 암기하는 과목이라고 생각해 물리 공부가 고통스러웠던 사람이나, 물리에 등장하는 수식에 당황해 무조건 싫어하던 문과인들이야말로, 이 책을 읽어주시면 좋겠다고 생각합니다.

분명히 물리라는 과목의 이미지가 180도 바뀔 것입니다.

이케스에 쇼타

차례

제 1 장   역학

제 2 장 열역학

제 3 장　파동

제 4 장 전자기학

제 5 장 원자 물리학

물리는 공식을 암기할 필요가 전혀 없다!

가장 중요한 것은 공식 뒤에 숨어있는 스토리

일반적으로 고등학교 물리에서는 '역학(운동과 에너지)', '열역학(열)', '파동', '전자기학(전기)' 네 분야를 공부합니다. 그 안에서 등장하는 '공식'의 수는 대충 가늠해도 100개는 되겠지요. 이 때문에 물리는 많은 공식을 무조건 암기해야 한다고 생각해 의미도 제대로 모르면서 공식을 그저 암기만 하다가 좌절하는 사람이 많습니다.

하지만 단언컨대 물리는 공식을 암기할 필요가 전혀 없습니다. 물리학을 아주 간결하게 표현하면 **"모든 자연 현상을 어떤 규칙에 근거한 움직임으로 보고 기술하는 학문"**입니다. 이 '기술'이라는 행위의 결과로 공식이라는 수식이 생겼습니다. 즉, **물리를 배울 때는 공식 그 자체가 아니라, 공식이 만들어진 배경이 되는 스토리**가 중요합니다.

일본에서는 에도시대 후기부터 메이지 시대 초기까지 물리학을 '자연계의 이치'를 연구하는 학문이라는 의미로 '구리학^{究理學}(궁리학^{窮理学})'이라고 했습니다. 다시 말해 '세상에서 일어나는 일을 모두 알고 싶다!'라는 욕구에서 물리라는 학문이 시작되었다는 말입니다. 물리에 등장하는 '공식' 뒤에는 자연계의 이치를 연구하는 과정에서 시행착오를 거듭해온 유명한 천재들의 위대한 '인간 드라마'가 숨어 있습니다. **무엇보다 스토리를 이해하면 억지로 의미도 모르는 채 수식을 외우는 고행을 하지 않아도 스스로 공식을 끌어낼 수 있습니다.**

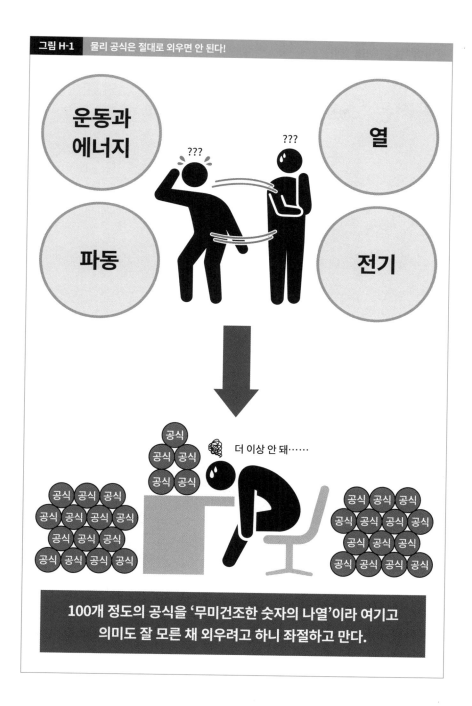

100개 정도의 공식을 '무미건조한 숫자의 나열'이라 여기고
의미도 잘 모른 채 외우려고 하니 좌절하고 만다.

물리는 '스토리'로 배우자!

고등학교 물리는 뉴턴 역학의 시작에서 끝까지의 이야기

고등학교 물리의 스토리란 무엇일까요? 오른쪽 그림을 보세요.

사실 고등학교 물리의 내용은 17세기부터 19세기에 시작된 연구가 기본이 됩니다. 이 내용을 물리학에서는 '고전 물리학'이라고 합니다.

고전 물리학은 17세기의 뉴턴이 발견한 운동 방정식($ma=F$)에서 시작됩니다.

먼저, 운동 방정식의 발견으로 **'입자의 움직임'을 완벽하게 이해**하게 되었습니다(뉴턴 역학). 그리고 그 뉴턴 역학을 기초로 '열'을 '기체 내의 분자의 운동'으로 연구하기 시작합니다(열역학). '파동'도 '역학' 현상인 '단진동'과 관련이 있다고 생각해 연구했고(파동), '전기'도 '전기 입자의 움직임', 즉 '역학의 운동 방정식'을 바탕으로 연구를 진행했습니다(전자기학).

이렇게 뉴턴 역학으로 물리의 다양한 분야가 완성되고 19세기 후반이 되어 물리학 완성이라는 목표가 섰습니다.

그러던 중, 뉴턴 역학은 큰 벽에 부딪혔습니다. 매우 작은 미시 세계에서 뉴턴 역학으로는 해명되지 않는 현상이 등장하기 시작한 것이지요. 여기서 대학 이후에서 배우는 '현대 물리학'이 시작되었습니다.

고등학교 물리의 내용을 한마디로 표현하면 **'현대 물리학을 배우기 전에 알아두어야 할 고전 물리학의 역사'**라고 하겠습니다.

고등학교 물리(고전 물리학)

17세기 ① **역학(운동과 에너지)**

모든 현상은 $ma = F$(운동 방정식)로 표현할 수 있다.
입자의 움직임을 완벽하게 이해. 뉴턴 역학의 시작

② **열역학(열)**

열은 '기체 내의 분자들의 운동'으로 본다

③ **파동**

파동은 '역학'의 현상이다
개별 입자의 '단진동'으로 본다

19세기 ④ **전자기학(전기)**

전기를 '입자의 움직임'으로 본다

**19세기 후반, '뉴턴 역학'과 모순되는 연구가 다수 발표되면서
고전 물리학이 끝나고 현대 물리학이 시작되었다.**

- -

대학 물리(현대 물리학)

양자론(상대성이론, 양자역학 등)

고등학교 물리를 한마디로 표현하면
'현대 물리학을 배우기 전에 알아두어야 할 물리의 역사'다.

이것만은! 물리에 필요한 수학

고등학교 물리를 이해하는 데 필요한 수학은 네 가지

고등학교 물리의 내용을 이해하려면 고등학교 수학 지식이 꼭 필요합니다. 다만, 최소한으로 알아야 할 고등학교 수학 지식은 사실 네 가지뿐입니다. 여기서는 수학 울렁증이 있는 분들을 위해 그 네 가지를 간결하게 해설하려고 합니다.

고등학교 물리에 필요한 수학 ① 벡터

'벡터'란 '크기와 방향을 가지는 양'입니다. 일반적으로 $\vec{F}$와 같이 문자 위에 화살표를 쓴 기호로 표현합니다. 그림에서는 시작점과 끝점을 화살표로 이어줍니다. 크기는 F라고 합니다(대학 이후에서 벡터는 $\boldsymbol{F}$로 굵은 글씨로 표현하는 경우가 많습니다).

평행사변형을 만들고 그 대각선을 합성한 값으로 두 개의 벡터를 더하기도 합니다. 역순으로 따라가 한번 합성된 벡터를 원래의 두 벡터로 분해할 수도 있습니다.

그림 H-3	벡터

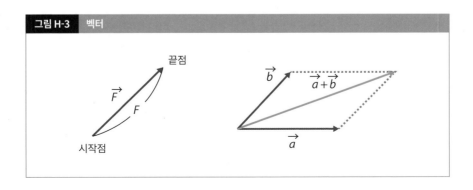

고등학교 물리에 필요한 수학 ② 삼각비

직각 삼각형의 세 변 중 두 변을 사용해 '**삼각비**'라는 양을 정의합니다.

삼각비라는 단어는 '**삼각**형의 두 변의 **비**'의 줄임말입니다. 삼각비에는 크게 $\sin\theta$, $\cos\theta$, $\tan\theta$의 세 가지가 있습니다.

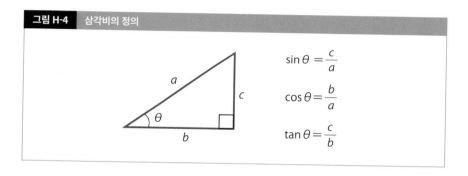

그림 H-4 삼각비의 정의

$$\sin\theta = \frac{c}{a}$$

$$\cos\theta = \frac{b}{a}$$

$$\tan\theta = \frac{c}{b}$$

고등학교 물리에 필요한 수학 ③ 호도법

각도를 측정하는 방법으로는 60°나 90°처럼 숫자의 오른쪽 위에 ○를 붙이는 '60분법(도수법)'이 널리 알려져 있습니다. 이것은 한 바퀴를 360으로 나누는 측정법입니다.

다른 방법으로는 '**호도법**'이라는 각도 표현 방법이 있습니다. 다음 그림을 보세요. 반지름이 r이고, 호의 길이가 l인 부채꼴이 있습니다. 이때 그 중심각 θ를 $\theta = \dfrac{l}{r}$이라고 정의하고 단위를 [rad(라디안)]이라고 합니다. 예를 들어볼까요. 반지름 r인 반원(반원도 부채꼴 중 하나)에서 중심각은 60분법으로는 180°입니다. 호도법으로는 길이가 원둘레($2\pi r$)의 절반인 πr이므로 $\dfrac{\pi r}{r} = \pi$[rad]입니다. 즉, 180°는 π[rad]입니다. 60분법의 90°는

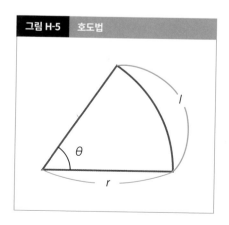

그림 H-5 호도법

$\frac{1}{2}\pi$입니다. 정리하면 호도법은 중심각의 각도를 반원의 길이로 표현하는 방법입니다.

고등학교 물리에 필요한 수학 ④ 삼각 함수

삼각비를 더 확장한 개념이 **'삼각 함수'**입니다.

삼각비와 삼각 함수의 결정적인 차이는 '각도'입니다. 삼각비는 정의에 '직각 삼각형'을 사용하는 데서 명백히 알겠지만 '각도 θ'의 범위가 $0° \le \theta \le 180°$, 호도법으로는 $0 \le \theta \le \pi$로 한정됩니다. 반면, 삼각 함수에서 다루는 도형은 어떤 각도라도 다룰 수 있습니다.

삼각 함수의 그래프는 깔끔한 파동의 형태를 띠므로, 물리에서도 '단진동'이나 '파동'의 현상을 표현하는 데에 이용됩니다.

그림 H-6	삼각 함수 그래프

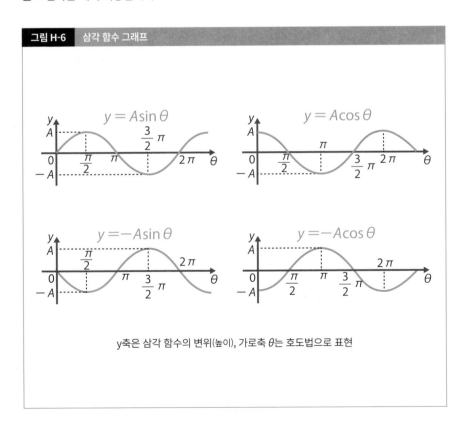

y축은 삼각 함수의 변위(높이), 가로축 θ는 호도법으로 표현

제 1 장

역학

역학은 운동 방정식이 90%

역학에서 시작하는 고전 물리학

고전 물리학의 중심이 되는 고전 역학은 뉴턴이 발견한 $ma=F$라는 '운동 방정식'에서 시작합니다. 뉴턴은 **'물체의 운동은 운동 방정식으로 완벽하게 설명된다'**라고 했습니다. 그리고 실제로 과학자들이 다양한 운동 현상을 '운동 방정식'으로 설명할 수 있다는 사실을 증명했습니다.

그래서 **고전 물리학은 뉴턴의 운동 방정식 발견에서 시작하는 이야기**라고도 합니다.

이 장에서는 운동 방정식을 설명하기 전에 먼저 '왜, 물체는 움직이는가?'라는 역학에 근거한 '물체의 운동론'부터 이야기를 시작합니다. 그리고 '등가속도 운동'을 다루면서 운동 방정식의 중요한 개념인 '가속도(운동 방정식에서 a)'를 설명합니다.

가속도 다음으로는 힘(운동 방정식에서 F)을 설명합니다. '힘의 법칙'에서는 힘은 반드시 두 개 쌍으로 발생한다는 '작용 · 반작용의 법칙'이 중요합니다. 힘의 종류는 기본적으로는 '중력(장의 힘)'과 '접촉력' 두 가지뿐입니다. 물리에는 '마찰력', '탄성력', '수직 항력', '장력', '부력' 등의 힘이 등장하는데, 이들은 모두 '접촉력'입니다.

가속도와 힘 다음에는 '운동 방정식'을 활용해 만들어낸 물리량 '일과 에너지', '충격량과 운동량'을 설명합니다. 마지막으로 질량과 크기를 가진 물체(강체)의 운동을 다루며, 힘으로 물체를 회전시키는 '돌림힘'에 대해 알아보겠습니다.

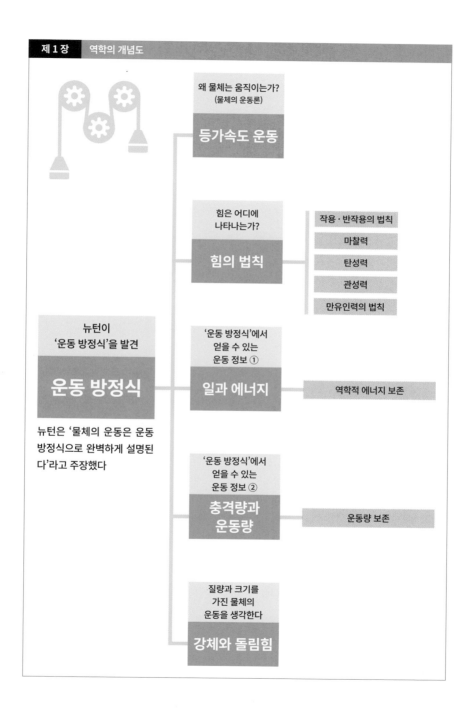

왜 물체는 움직이는가?
(물체의 운동론)

등가속도 운동

힘은 어디에
나타나는가?

힘의 법칙

작용·반작용의 법칙

마찰력

탄성력

관성력

만유인력의 법칙

뉴턴이
'운동 방정식'을 발견

운동 방정식

뉴턴은 '물체의 운동은 운동
방정식으로 완벽하게 설명된
다'라고 주장했다

'운동 방정식'에서
얻을 수 있는
운동 정보 ①

일과 에너지

역학적 에너지 보존

'운동 방정식'에서
얻을 수 있는
운동 정보 ②

**충격량과
운동량**

운동량 보존

질량과 크기를
가진 물체의
운동을 생각한다

강체와 돌림힘

물체가 '언제' '어디에' 있는지 아는 것이 역학의 목적

물리학이 '물체의 운동론'에서 시작하는 이유

고등학교 물리에서는 먼저 '물체의 운동론'을 배웁니다. '물체의 운동'부터 시작하는 데는 이유가 있습니다. 앞에서 언급했듯이 물리학의 목적은 **'모든 자연 현상을 어떤 규칙에 근거한 움직임으로 보고 기술하는 것'**입니다. 다시 말해, 자연 현상을 기술한다는 말이지요.

과학자들은 모든 현상에는 '물체(정확하게는 입자)'가 관여한다는 가설을 만드는 일부터 시작했습니다.

구체적으로 말하면, 물체는 원자·분자로 이루어져 있으므로(물론 이것도 가설일 뿐입니다) '공의 움직임'은 '공을 구성하는 물체의 움직임'으로 일어나고, '별의 궤도'는 '별을 구성하는 물체의 움직임'으로 일어나며, '사람의 감정'은 '사람의 뇌를 구성하는 물체의 움직임'으로 일어나는 등, 모든 현상을 '물체의 운동'으로 설명할 수 있다고 생각한 것이지요.

따라서 **'물체의 운동'은 물리의 '출발점'**이 되는 개념입니다. **역학의 목적은 '물체의 운동론'을 완벽하게 기술하는 것**입니다.

그러면 무엇을 알아야 '운동에 대해 이해했다!'라고 말할 수 있을까요? 바로, **물체의 '위치'를 '시간'의 함수로 구할 수 있으면 됩니다. 함수는 어떤 변수가 정해졌을 때, 그에 따라 다른 변수가 결정되는 관계성**을 말합니다. 즉, '시간을 정하면 위치가 결정된다', 더 간단하게 말하면 **'물체가 언제(시간), 어디(위치)에 있는가'**를 알고자 한다는 말입니다.

'위치'를 기술한다

지금부터 잠시 물체를 '질점'이라고 불리는 입자에 한정합니다. 질점이란 **'질량은 있지만, 크기를 무시한 물체', 즉 '질량을 가지는 점 입자'**을 말합니다. 실제로 '질량은 있고 크기가 0인 입자'는 이 세상에 존재하지 않지만, 일단 이론상 존재한다고 생각하고 보겠습니다.

가장 단순하게 생각할 수 있는 '질점의 운동'부터 살펴봅시다. '운동론 = 물체의 위치를 시간의 함수로 표현하는 것'이라고 한다면 최초의 **'위치'**는 어떻게 표현할까요?

물체의 위치를 표현하는 가장 표준적인 방법은 '직교 좌표계(데카르트 좌표계)'입니다. 중학교 수학에서 나오는 **x축, y축**(3차원이라면 z축까지)의 좌표입니다. 『방법서설』을 지은 프랑스의 철학자 르네 데카르트가 발명한 좌표계입니다.

속도 = 단위 시간 동안의 위치 변화량

물리에서는 주장을 더 명확하게 하려고 학술 용어를 새롭게 만들기도 합니다. 그중 하나가 '속도'라는 물리량입니다(물리량이란 물리의 세계에 나오는 용어라고 이해해주세요). 어떤 일이든 **'정의'**부터 시작합니다.

속도의 정의는 다음과 같습니다.

속도 = 단위 시간 동안의 변위

변위는 '위치 변화량'을 의미하며, **물리 세계에서 단위 시간은 '1초'가 일반적입니다.** 더 간단하게 표현하면 **'1초 동안 어느 정도 이동하는가'를 수치화한 값**입니다. 따라서 문장으로 쓴 이 정의를 수식으로 표현하면, 다음과 같습니다.

$$v = \frac{\Delta x}{\Delta t}$$

Δ는 '델타'라고 읽습니다. 그리스 문자이며 영어의 'D'와 같습니다. Difference(차이, 변화량)를 의미하지요. 위치 x의 변화량을 시간 t의 변화량으로 나누면 속도 v를 얻을 수 있음을 나타냅니다. 이 식은 어디까지나 문장으로 된 정의를 수식으로 변환한 것이지, 공식이 아닙니다. 시간 t는 time의 머리글자, 속도 v는 velocity(속도)의 머리글자입니다.

위치는 일반적으로 거리와 같은 단위인 [m]로 표시하므로, 속도의 단위는 [m/s(미터 퍼 세컨드)]입니다. 초는 영어로 second이므로 흔히 [s]로 씁니다.

단위를 만드는 방법을 살펴볼까요? 앞의 식을 다시 보면, 속도 v는 'Δt분의 Δx'라는 분수입니다. Δt의 단위는 [s], Δx의 단위는 [m]이지요.

그러므로 단위만 보면 '[s] 분의 [m]'이라는 분수이므로 속도의 단위는 [m/s]가 됩니다. 원래 기호 '/'는 분수의 가로선입니다.

가속도 = 단위 시간 동안의 속도 변화량

물체의 운동을 정확하게 예측하고자 할 때, **지금 '속도'가 점점 빨라지고 있는지**(가속), **점점 느려지고 있는지**(감속)를 파악하면 매우 편합니다. 그래서 '가속도'라는 단어(물리량)를 도입합니다. '가속도'는 '속도가 시간에 따라 얼마나 변하는가'를 나타내는 개념입니다. 따라서 **가속도는 '단위 시간 동안의 속도 변화량'**으로 정의합니다. 수식으로 나타내면 다음과 같습니다.

$$a = \frac{\Delta v}{\Delta t}$$

간단하게 말하면 가속도는 1초 동안 빨라지는지, 느려지는지를 나타냅니다. '가속도 a'에서 a는 acceleration(가속도)의 머리글자입니다. **가속도의 단위는 [m/s²]이며, 읽는 방법은 '미터 퍼 세컨드 제곱'**입니다. 정의 식에서 보듯이 속도를 한 번 더 시간으로 나눕니다.

앞에서 시간에 따른 위치 변화량을 속도, 시간에 따른 속도 변화량을 가속도로 정의했습니다. '가속도'라는 개념을 사용해 운동을 이해할 수 있는지 아닌지로 과학자들은 연구를 계속했습니다. 그러자 신기할 정도로 간결하고 깔끔하게 모두 잘 진행되었습니다. **가속도만 알면 운동 정보를 모두 얻을 수 있다**는 점을 과학자들이 깨달았지요. 이런 이유로 가속도 다음 단계의 단어를 만들어내지는 않았습니다.

수리과학 영역에서 '고유 명사가 만들어지는' 이유는 그 개념이 자연 현상을 이해하는 데 중요하거나 편리하기 때문입니다. 시간에 따른 가속도의 변화량에 특별히 이름이 만들어지지 않은 이유는 자연을 이해하는 데 별로 중요하지 않기 때문이겠지요.

그러면 가속도가 0일 때는 어떤 운동을 할까요? '가속도가 0이다'를 다르게 표현하면 **'물체가 가속하거나 감속하지 않는다. 즉, 속도가 전혀 변하지 않는다'**입니다. 즉, 물체가 처음부터 멈추어 있으면 그대로 멈추어 있고, 일정 속도로 움직이고 있었다면 그 속도를 유지하면서 계속 움직인다(등속 직선 운동)는 말입니다. 가속도가 0이라고 해서 꼭 '멈추어 있다(정지해 있다)'라고 할 수는 없습니다.

'세 가지 식'의 의미를 'v-t 그래프'에서 해석한다

등가속도 운동에는 세 가지 식이 있다

역학의 시작에 등장하는 '등가속도 운동'은 **'어느 구간에서 가속도가 일정한 운동'**을 뜻합니다. 여기서는 '등가속도 운동'을 예로, 가속도에서 속도와 위치 정보를 얻는 과정을 설명합니다. 아래 그림처럼 x축이라는 일직선 위를 운동하는 물체를 생각해봅시다.

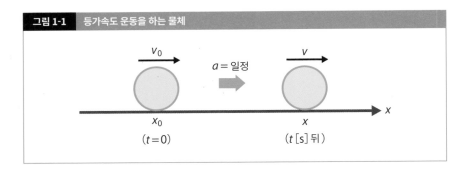

그림 1-1   등가속도 운동을 하는 물체

최초($t=0$)의 속도는 처음 속도 v_0, 최초의 위치는 처음 위치 x_0라고 합니다. 등가속도 운동에서는 다음 세 가지 식이 성립합니다.

① $v = v_0 + at$

② $x = x_0 + v_0 t + \dfrac{1}{2} at^2$

③ $v^2 - v_0^2 = 2a(x - x_0)$

v-t 그래프에서 등가속도 운동의 식을 유도한다

세로축을 속도, 가로축을 시간으로 설정한 그래프를 'v-t 그래프'라고 합니다. 다음 그림처럼 처음 속도 v_0부터 가속하는 v-t 그래프를 생각해봅시다.

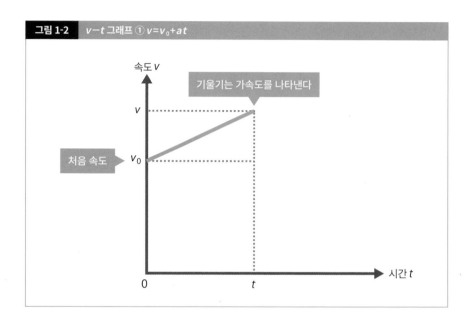

그림 1-2 v-t 그래프 ① $v=v_0+at$

속도 v

기울기는 가속도를 나타낸다

v

처음 속도

v_0

0

t

시간 t

이 v-t 그래프에서 '기울기'는 '가속도'를 나타내고, '면적'은 '이동 거리'를 나타냅니다. 즉, 그래프의 기울기는 속도의 변화량 Δv를 시간의 변화량 Δt로 나누어 구합니다. 식으로 써보면 다음과 같습니다.

$$\frac{\Delta v}{\Delta t} = \frac{v - v_0}{t - 0}$$

이 식은 가속도의 정의 식과 같습니다. 따라서 다음 순서로 등가속도 운동의 식 ①을 도출합니다.

$$a = \frac{v - v_0}{t - 0}$$

$$v - v_0 = at$$

$$\therefore v = v_0 + at$$

이번에는 면적을 구해봅시다. 면적은 왜 이동 거리일까요? 다음 $v - t$ 그래프를 함께 봅시다.

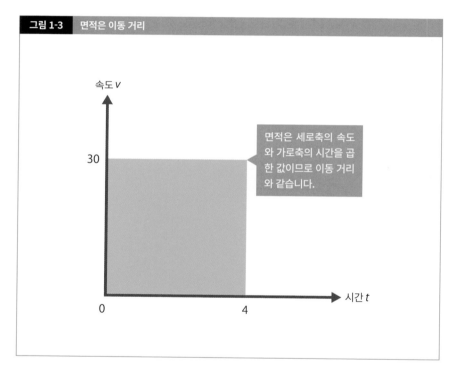

그림 1-3　면적은 이동 거리

속도 v

30

면적은 세로축의 속도
와 가로축의 시간을 곱
한 값이므로 이동 거리
와 같습니다.

0　　　　　　　　4　　　시간 t

　이 그래프는 속도 30[m/s]인 등속 직선 운동으로 4[s] 동안 움직였음을 나타냅니다. 이때 이동 거리는 30 × 4로 120[m]입니다. 이것은 그래프의 면적과 같습니다.

　그러면 앞의 $v - t$ 그래프에서는 면적을 어떻게 구할까요? 그래프의 모양이 사다리꼴이므로, 윗부분 삼각형과 아랫부분 직사각형으로 나누어 보겠습니다.

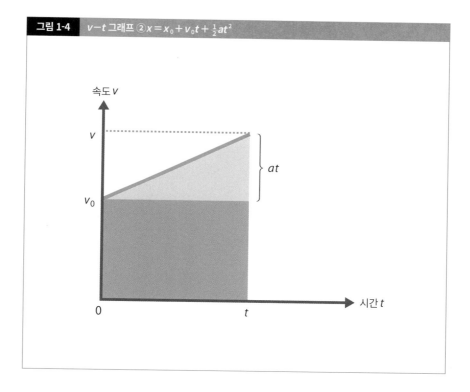

그림 1-4 $v-t$ 그래프 ② $x=x_0+v_0t+\frac{1}{2}at^2$

속도 v

v

v_0

at

0

t

시간 t

윗부분의 삼각형은 밑변의 길이가 t, 높이는 $v-v_0=at$이므로 면적은 $\frac{1}{2}at^2$입니다. 아랫부분의 직사각형의 면적은 v_0t입니다. 그러므로 이동 거리 $x-x_0=v_0t+\frac{1}{2}at^2$, 즉 $x=x_0+v_0t+\frac{1}{2}at^2$로 변형해, 등가속도 운동의 식 ②를 구할 수 있습니다.

다음은 ①과 ②의 식에서 시간 t를 소거합니다. 식 ②에서 $x-x_0=t(v_0+\frac{1}{2}at)$의 시간 t 부분에 ①에서 구한 $t=\dfrac{v-v_0}{a}$를 대입합니다.

$$x-x_0=\frac{v-v_0}{a}\left\{v_0+\frac{1}{2}a\left(\frac{v-v_0}{a}\right)\right\}$$

이 식을 변형하면 $v^2-v_0^2=2a(x-x_0)$이 되고, 등가속도 운동의 식 ③을 얻을 수 있습니다. 이렇게 등가속도 운동의 식은 외우지 않아도 저절로 만들어집니다.

'움직이는 물체' 사이의
'속도'와 '위치'를 구한다

서로 스쳐 지나가는 열차의 속도는 '상대 속도'

일반적으로 물체의 속도와 가속도는 지표(지면)에서 관측한 값을 말합니다. 그런데 물체 B에서 본 물체 A의 운동을 생각해야 이해하기 좋을 때가 있습니다.

　예를 들어, 다음 그림에서 서로 반대 방향으로 달리는 열차 A와 B의 그림을 비교해봅시다. 각각의 속도는 70[km/h], 50[km/h]입니다. 만약 여러분이 열차 B에 타고 있다면, 여러분의 눈에 열차 A는 어떻게 보일까요?

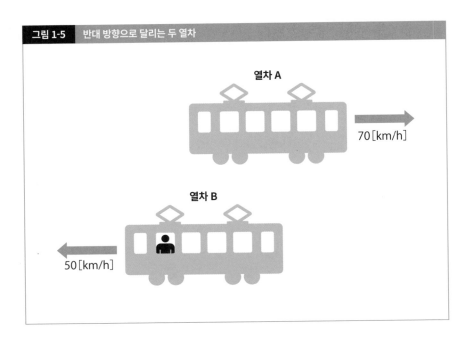

그림 1-5 　반대 방향으로 달리는 두 열차

열차 A

70[km/h]

열차 B

50[km/h]

70[km/h]보다 빠른 속도로 오른쪽으로 멀어지듯이 보이겠지요. 많은 분이 회사나 학교에 가는 열차 안에서 이런 경험을 합니다. 이것을 '상대 속도'라고 합니다.

상대 속도는 다음과 같이 정의합니다.

'B에 대한 A의 상대 속도'는 $v_r = v_A - v_B$로 계산한다
(상대는 영어로 relative 이므로 아래 첨자로 r을 붙인다)

앞의 그림에서 'B에 대한 A의 상대 속도'는 $70 - (-50) = 120$[km/h]으로 무척 빠른 속도로 스쳐 지나가는 듯 느껴집니다(오른쪽을 +로 봅니다).

참고로, '~에 대한'은 '~쪽에서 보면'으로 바꾸어 말해도 됩니다. 즉, 'B에 대한 A의 상대 속도'는 'B에서 본 A의 속도는 얼마인가'와 같습니다.

그러므로 'B에 대한 A의 상대 속도'를 물으면 'B라는 탈것(열차)에 [내]가 타고 [나의 눈]으로 상대를 보면 어떻게 보이는가'를 생각해보면 됩니다. $v_r = v_A - v_B$는 다음 계산을 뜻합니다.

$$v_r = v_{상대} - v_{나}$$

또, '상대 속도'뿐만 아니라 '상대 위치'와 '상대 가속도'라는 단어도 다음과 같이 정의합니다.

[**상대 위치**] $x_r = x_A - x_B$ (B가 본 A의 위치 정보)
[**상대 가속도**] $a_r = a_A - a_B$ (B가 본 A의 가속도 정보)

'힘'과 '가속도'의 인과 관계를 나타내는 운동 방정식

운동의 인과 법칙 = 운동 방정식

고등학교 물리에서 역학은 보통 '고전 물리학'의 한 가지인 '고전 역학'입니다. '고전 물리학'은 17세기 무렵에 시작되어 19세기 중반에 완성된 학문 체계입니다.

현대 물리학을 제대로 이해하려면 고전 물리학의 지식을 갖추어야 합니다. 고전 물리학의 토대 위에 현대 물리학이 존재하기 때문이지요.

고전 역학은 뉴턴 역학이라는 별명으로도 부릅니다. 물체의 운동을 지배하는 규칙은 '운동의 원인과 결과를 다루는 법칙'이라는 의미로 '운동의 인과 법칙'이라고 하지만, 이것을 발견한 과학자인 **아이작 뉴턴**(당시에는 과학자라는 말이 없었고 자연 철학자라고 했습니다)을 기리는 뜻으로 뉴턴 역학이라고 합니다.

뉴턴은 물체의 운동이 다음 운동 방정식으로 완벽하게 해석된다고 주장했습니다.

$$ma = F$$

먼저 m은 '질량(mass의 머리글자)'이라는 '물체 고유의 상수'이고, 단위는 [kg]입니다. a는 앞에서 나온 가속도로, 단위는 [m/s²]입니다. F는 일반적으로 '힘(Force의 머리글자)'을 나타내며 단위는 [N(뉴턴)]입니다. 뉴턴의 발상은 '가속도 a를 결정하는 무엇이 있다. 그것을 힘 F라고 하자!'라는 생각을 했다는 점에서 매우 놀랍습니다.

'같은 힘을 가해도 질량이 작은(가벼운) 물체는 빨리 움직인다. 다시 말해 가속도가 크다. 반대로 질량이 큰(무거운) 물체는 잘 움직이지 않는다. 다시 말해 가속도가 작다. "가속을 결정하는 요인"이 물체마다 정해져 있을 것이다. 그것을 "질량"이라고 하자!'라고 생각해, '운동 방정식'을 발견했습니다.

$ma = F$ 식의 이해는 물리 전체를 이해하는 데 중요한 열쇠를 쥐고 있습니다. '이해라기에는 질량 m × 가속도 a가 힘 F가 될 뿐인데?'라고 생각할 수도 있지만, 그것은 **수학적인 해석**입니다. **물리학적인 해석**은 다음과 같습니다.

'질량이 m인 물체에 힘 F를 가하면 가속도 a가 생긴다'라는 원인과 결과 관계(인과관계)를 나타낸다. 즉, 힘을 가하기 때문에 가속도가 발생한다(움직인다).

강하게 당기면 빠르게, 약하게 당기면 느리게 움직인다

'힘을 가하면 움직인다는 말은 너무 당연하지 않은가?'라는 생각이 드시나요? 네, 사실 운동 방정식의 의미는 초등학생도 이해할 정도로 단순합니다.

질량 m은 일정합니다. 여기서 힘 F를 점점 크게 하면 가속도는 어떻게 될까요? 당연히 가속도도 커집니다. 즉, **'강한 힘을 가하면 더욱 빠르게 움직인다'**는 말입니다.

이번에는 운동 방정식을 $a = F/m$으로 변형해봅시다. 힘을 일정하게 하고 m을 다양하게 바꾸어보세요. 질량이 작은 물체와 큰 물체 중에서 어느 쪽의 가속도가 클까요?

식에서 질량과 가속도는 반비례 관계이므로 질량이 크면 가속도는 작아집니다. 즉, **'무거운 물체는 움직이기 어렵다'**라는 현상을 표현하는 식이기도 하지요(지구상에서는 질량이 크다 = 무겁다고 생각하면 거의 맞습니다).

이처럼 운동 방정식의 내용은 당연한 일상입니다. 뉴턴이 대단한 이유는 그 '당연함'을 수식으로 잘 표현했기 때문입니다.

이 운동 방정식의 도출 과정은 이 책에 쓸 수 없습니다. 쓰지 않은 것이 아니라 '쓸 수 없는'

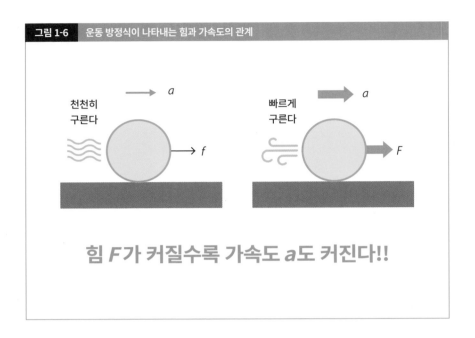

그림 1-6 운동 방정식이 나타내는 힘과 가속도의 관계

천천히 구른다

a

f

빠르게 구른다

a

F

힘 F가 커질수록 가속도 a도 커진다!!

것입니다. 이 식은 원래 증명이 불가합니다. **고전 물리학을 배운 이상, 운동 방정식이 옳다고 인정할 수밖에 없습니다.** 일반적으로 이런 식을 '**원리**'라고 합니다. **뉴턴 역학이 그려내는 세계관은 운동 방정식이 성립한다는 전제를 바탕으로 발전해왔습니다.**

'힘'이 운동을 결정한다

뉴턴의 운동 방정식은 '**힘을 가하면 가속도가 생긴다**'라고 주장합니다. 그러면 힘은 어디에 나타날까요?

사실 힘은 누구나 발견할 수 있습니다. 왜냐면 **고전 역학에서 힘은 기본적으로 두 가지밖에 없기** 때문입니다. '학교 교과서에는 ○○힘, △△힘 이렇게 여러 힘이 등장하는데……'라는 생각이 드는 사람도 많겠지요. 하지만 그 여러 가지 힘은 사실 두 가지로 크게 나뉩니다.

그 두 가지는 '**1. 중력**(장의 힘)'과 '**2. 접촉력**'입니다.

'**1. 중력**(장의 힘)'은 **물체에 다른 물체가 전혀 접촉하지 않아도 작용하는** 힘입니다.

중력은 물체의 무게 중심(질량 중심)에서 아래쪽으로 발생합니다. 일단 물체 중간 정도에서 아래쪽으로 작용하는 힘이라고 생각하면 됩니다. 크기는 중력 가속도 g를 활용해 mg가 됩니다. 지구 표면(지표) 부근에서는 물체에 항상 아래쪽으로 가속도 g가 발생합니다.

중력이 존재하는 이유를 설명하기는 꽤 어렵습니다. 중력 이론은 아직 해결되지 않았습니다. 일단 고전 역학에서는 아래쪽으로 mg라는 힘이 중력으로 존재한다고 이해해두세요.

'2. 접촉력'은 그 이름대로 **'붙어서 작용하는 힘'**입니다.

물체가 '무엇인가와 붙어 있으면' 그곳에는 반드시 힘이 존재합니다. 이것이 전부입니다.

힘에는 '탄성력'이나 '수직 항력', '마찰력', '장력', '부력' 등 여러 가지가 있다고 오해하기 쉬운데, 이들은 모두 '접촉력'입니다. 용수철에 '붙어 있을' 때 작용하는 힘을 '탄성력', 바닥에 '붙어 있을' 때 작용하는 힘을 '수직 항력', 거친 바닥에서는 '마찰력', 실에 '붙어 있을' 때 작용하는 힘은 '장력', 물에 '붙어 있을' 때 작용하는 힘을 '부력'이라고 부르지요. 이름은 나중에 붙였을 뿐입니다.

고전 역학에서 힘은 두 가지이므로 찾는 방법도 간단합니다. 먼저 물체의 중심에서 아래 방향으로 중력 mg를 그립니다. 다음으로 무엇에 붙어 있는지를 살펴보고, 접촉된 곳의 힘을 그립니다. 이렇게만 해도 힘을 발견하는 방법을 제대로 알았다고 할 수 있습니다.

힘이 발생하려면
두 개 이상의 물체가 필요하다

힘은 반드시 쌍으로 작용한다

다음으로 '힘의 법칙'에 관해 생각해봅시다.

힘의 법칙에는 여러 가지가 있습니다. 그중에서 '작용 · 반작용의 법칙'이 가장 중요합니다. 초등학교 과학에서도 나오므로 아마 많이 들어보았겠지요. 이 법칙을 설명하는 데 다음 문구를 종종 씁니다.

> 사람이 벽에 힘을 가할 때 벽도 사람에게 힘을 가한다. 그리고 그 두 힘은 크기가 같고 방향은 반대다.

사람이 벽에 힘을 가하는 작용(액션)을 일으키면, 벽도 사람에 대해 반작용(리액션)을 일으킨다는 말입니다. 여러 가지 힘에서 이 법칙은 반드시 성립합니다. 다만, 이 문구 자체는 틀리지 않지만, 중요한 작용 · 반작용의 법칙이 **'정말 주장하고 싶은 바'**가 언급되지 않았습니다.

'작용 · 반작용의 법칙'의 핵심은 다음과 같습니다.

> 힘은 반드시 두 개가 쌍으로 세상에 존재한다, 바로 '쌍둥이'다.

즉, '단독 한 개의 물체에만 힘이 작용하고, 그 외에 힘은 생기지 않는다' 같은 일은 있을 수 없습니다.

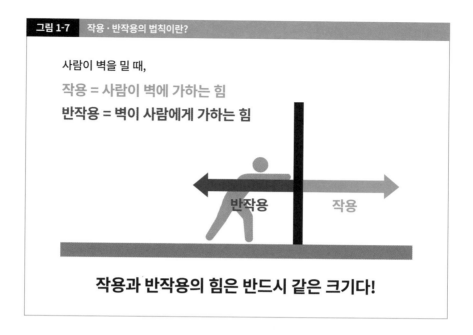

그림 1-7 작용·반작용의 법칙이란?

사람이 벽을 밀 때,

작용 = 사람이 벽에 가하는 힘

반작용 = 벽이 사람에게 가하는 힘

반작용 작용

작용과 반작용의 힘은 반드시 같은 크기다!

힘은 반드시 **'물체와 물체 사이에서 서로 발생'**합니다. 그러므로 힘을 다른 말로 '상호 작용'이라고도 합니다. 서로 영향을 주는 것을 힘이라고 부른다는 말입니다.

우리가 운동을 한다고 스스로 인식하는 이유는 '나 이외의 비교대상물'이 있기 때문입니다. 예를 들어, 집에서 인근의 전철역까지 이동한다면 '집'과 '인근의 전철역'이라는 존재 덕분에 자신이 이동했다고 인식합니다.

즉, 최소 두 개 이상의 물체가 있어야 '운동'이라는 개념이 존재합니다.

접촉력은 원자와 분자에 의한 전자기적 힘

접촉력의 정체

'운동 방정식'에서 힘은 '중력'과 '접촉력' 두 가지로 분류한다고 했습니다. 고전 역학에서 이두 힘은 완전히 다른 종류입니다. 중력은 뉴턴의 '만유인력의 법칙'에서 다시 언급하기로 하고, 여기서는 접촉력에 관해 자세히 알아보겠습니다.

현대 물리학에서 힘은 크게 **'중력', '전자기력', '강력', '약력'** 이렇게 네 가지로 나뉩니다('강력', '약력'이라는 이름의 힘이 정말 있습니다). '중력'은 현재에도 우주에 존재하는 근원적인 힘으로 여겨집니다.

'접촉력'의 정체는 무엇일까요? 사실 **'접촉력'은 미시적으로 보면 '전자기력'의 한 종류**입니다. 우리가 양손을 가까이 맞대면 5cm 정도 떨어져 있을 때는 무엇도 느껴지지 않지만, 0.0001 mm 정도로 가까워지면 서로 맞닿아 있는 '힘'이 느껴집니다. 이것은 손을 구성하는 원자, 분자가 너무 가까워져서 생기는, 반발하는 전자기적인 힘입니다. 반대로 손을 잡고 있을 때 느끼는 힘은 손을 구성하는 원자·분자의 전기적 결합력입니다. 즉, '운동 방정식'에 나왔던 '수직 항력'과 '마찰력', '탄성력'은 거시적 시점에서 보면 '붙어 있어서 힘이 존재한다'라고 생각하기 쉽지만, 미시적으로 보면 원자·분자에 의한 전자기적인 힘이라는 말입니다. 오늘날, 과학자들은 이 네 힘을 하나의 법칙(이것을 모든 것의 이론 또는 만물 이론이라고 합니다)으로 설명하려는 시도를 계속하고 있으며, 아직 해결되지는 않고 있습니다.

경사면의 운동은 힘을 '분해'한다

운동 방정식을 세울 때 세 가지 포인트

'경사면 위 물체'에 대해 실제로 운동 방정식을 세워봅시다. 운동 방정식을 세울 때 포인트는 다음 세 가지입니다.

(포인트 1) 물체에 작용하는 힘을 그린다

(포인트 2) 좌표를 설정하고 가속도를 가정한다

(포인트 3) $ma = \bigcirc$ (←운동 방정식의 우변에 힘의 정보를 빠짐없이 써넣는다)

이 세 가지 포인트만 잘 잡아도 다양한 운동을 다룰 수 있습니다. 다음 그림처럼 각도 θ만큼 기울어진 경사면 위에 질량 m인 물체가 있습니다(단순하게 설명하기 위해, 마찰이 없는 매끄러운 경사면으로 가정합니다). 작용하는 힘은 중력과 마찰력뿐이므로, 아래 방향의 '중력 mg'와 '경사면

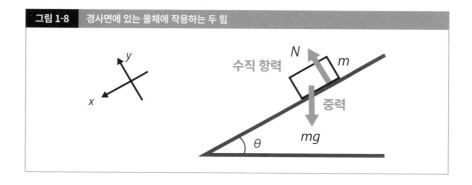

그림 1-8 경사면에 있는 물체에 작용하는 두 힘

으로부터의 힘'입니다. '경사면으로부터의 힘'은 경사면에 수직으로 작용하므로 '수직 항력 N'
이라고 합니다(영어로 수직을 의미하는 Normal의 머리글자입니다).

좌표는 원하는 대로 설정하면 됩니다. 단, 물체가 경사면을 따라 움직이므로 경사면에 평행
인 방향을 x축, 경사면에 수직인 방향을 y축을 정하면 이해하기 좋습니다.

가속도를 가정하기 전에 **'힘의 분해'**가 필요합니다. 수직 항력 N은 y축에 평행하므로 손댈
필요가 없지만, 중력 mg는 x축, y축 어느 쪽과도 평행하지 않으므로 x 방향, y 방향으로 분해
합니다(그림 1-9 위).

경사면의 경사각이 θ이므로 그림에서 색이 입혀진 각 역시 θ입니다. 이것은 중력의 화살표
(벡터)를 직하로 연장하면 쉽게 알 수 있습니다. $\theta + ● = 90$도입니다. 중력을 분해한 두 힘(색 화
살표)도 90도로 만나므로, 색이 입혀진 각도 θ입니다(그림 1-9 중간). 그러면 중력 mg의 x 방향
성분의 크기는 $mg\sin\theta$, y 방향 성분의 크기는 $mg\cos\theta$가 됩니다. 물체가 경사면에서 들뜨거
나 경사면에 박히지 않는다고 가정하므로 x 방향으로 가속도 a를 가정합니다(그림 1-9 아래).

이제 준비가 끝났습니다. 함께 운동 방정식을 세워봅시다. 축이 x, y 두 개이므로, 운동 방정
식도 두 개가 됩니다. 먼저 x 방향을 볼까요. 운동 방정식에서 '질량 m인 물체에 가속도 a가
발생하는 원인은 힘'이라고 생각하면 '질량 m인 물체에 x 방향의 가속도 a가 발생한 원인은
$mg\sin\theta$'가 되고, 다음 식이 됩니다.

$$ma = mg\sin\theta$$

한편, y 방향은 앞에서 말한 대로 경사면에서 들뜨거나 박히지 않고 y 방향의 힘이 반대 방
향으로 같은 크기여야 하므로 다음의 식이 됩니다.

$$N = mg\cos\theta$$

참고로, 이 y 방향으로 쓴 식을 **'힘의 평형'**이라고 합니다. x 방향의 운동 방정식에서 가속도를 구하면 $a=g\sin\theta$가 되어 '가속도가 $g\sin\theta$인 등가속도 운동을 한다'라고 완벽하게 운동을 이해할 수 있습니다.

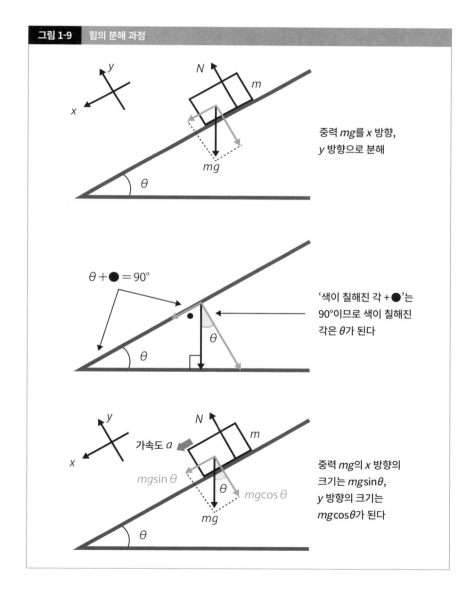

그림 1-9 힘의 분해 과정

중력 mg를 x 방향, y 방향으로 분해

$\theta + \bullet = 90°$

'색이 칠해진 각 + ●'는 90°이므로 색이 칠해진 각은 θ가 된다

중력 mg의 x 방향의 크기는 $mg\sin\theta$, y 방향의 크기는 $mg\cos\theta$가 된다

가속도 a

$mg\sin\theta$

$mg\cos\theta$

힘의 평형은 '가속도 0'인 운동 방정식

사실 힘의 평형도 운동 방정식이다!

앞에서 '경사면 위 물체'의 운동을 고려할 때, y축 방향의 운동 방정식을 '$N = mg\cos\theta$'라고 쓰고 '힘의 평형'이라고 부른다고 했습니다. '그러면 이것은 운동 방정식이 아니라 힘의 평형인가?'라고 생각할 수도 있겠지요. 교과서나 참고서에서는 '운동 방정식'과 '힘의 평형'은 서로 다른 장으로 나뉘어 있어서 오해하기 쉽지만, 단언컨대 **'힘의 평형'은 '운동 방정식'입니다.**

아래의 상황을 예로 생각해봅시다. 지면에 종이 상자가 놓여 있습니다.

그림 1-10　지면 위에 있는 상자

작용하는 힘을 그려보겠습니다.

작용하는 힘은 중력과 접촉력 두 가지뿐입니다. 이 경우는 아래를 향하는 중력 mg와 지면이 물체에 작용하는 힘인 수직 항력 N입니다. 다음은 y 좌표를 설정합니다(이번에는 x 축을 설정할 필요는 없습니다). 여기서 '+' 방향은 위든 아래든 상관없지만 여기서는 위 방향이라고 하겠습니다.

가속도는 어떨까요? 운동 방정식을 풀 필요도 없이 지면에 붙어 있는 이상, 이 상자가 위로 튀어 오를 리도, 지면으로 꺼질 리도 없습니다. **즉, '상향 가속도가 0'이라는 사실은 너무 당연합니다.**

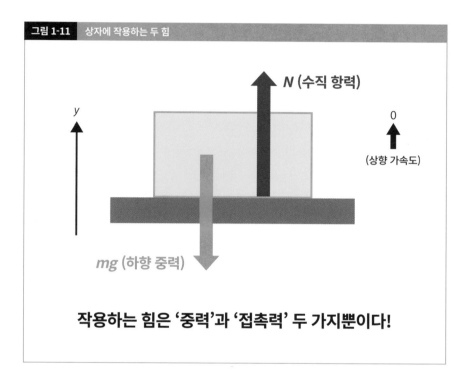

작용하는 힘은 '중력'과 '접촉력' 두 가지뿐이다!

따라서 y 축 방향의 운동 방정식은 다음과 같습니다.

$$m \cdot 0 = N - mg$$

이항해 정리하면 '힘의 평형' 식이 됩니다($N=mg$). 다시 말해, **'힘의 평형'은 '가속도가 0인 운동 방정식에 불과'**합니다. 그러므로 '운동 방정식에서'라는 문구를 쓰더라도 전혀 문제되지 않습니다.

마찰력은 세 가지로 나누어 이해한다

항력과의 관계

마찰력 덕분에 사람은 걷거나 물건을 잡을 수 있습니다. 마찰 없이는 우리의 일상생활이 성립하지 않습니다. 그 정도로 중요한 마찰력에 관해 먼저 항력과의 관계부터 알아보겠습니다.

여기서는 '까칠까칠한 면, 거친 면'에 물체가 놓여 있다고 가정합니다. 이 물체에 오른쪽으로 아주 작은 힘 F를 가해봅니다. 물체는 아주 작은 힘으로는 움직이지 않고 '정지'해 있습니다. 이 물체에 어떤 힘이 작용하고 있는지 생각해봅시다.

앞에서 말했듯이 **고전 역학에서 물체에 작용하는 힘은 '중력'과 '접촉력' 두 가지이므로 '아래쪽으로 작용하는 중력 mg'와 '오른쪽으로 미는 힘 F'가 있다는 사실은 이미 알고 있습니다.** 거기에 한 가지 더, 이 물체는 '바닥과 접촉'하고 있으므로, 바닥이라는 면으로부터 '접촉력'이 생깁니다.

그러면 바닥으로부터의 접촉력은 어느 방향으로 생길까요? 다음 그림을 볼까요?

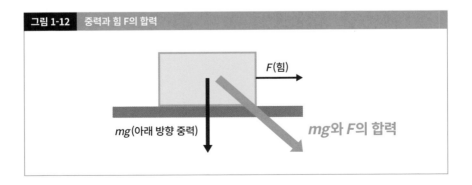

그림 1-12 중력과 힘 F의 합력

F(힘)

mg(아래 방향 중력)

mg와 F의 합력

여기서는 먼저 '중력과 오른쪽으로 향하는 힘'을 합성해봅니다. 중력과 힘 F가 합쳐진 힘(합력)은 벡터의 합성이므로 '오른쪽 비스듬히 아래'를 향합니다.

다시 한번 물체의 운동을 생각해봅시다. 지금 이 물체는 '정지'해 있습니다. 즉, 가속도가 0인 상태를 유지하며 **'힘은 평형'**입니다. 이 물체에는 '중력과 힘 F의 합력이 오른쪽 비스듬히 아래 방향'으로 있습니다. 그리고 이 물체의 '힘이 평형'이면 '바닥의 접촉력'은 **필연적으로 아래 그림처럼 '왼쪽 비스듬히 위 방향'**입니다.

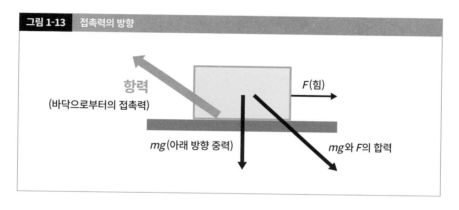

그림 1-13 접촉력의 방향

항력
(바닥으로부터의 접촉력)

F(힘)

mg(아래 방향 중력)

mg와 F의 합력

이렇게 '어떤 면에서 받는 접촉력'을 '항력'이라고 합니다.

지금, **이 물체에는 '아래 방향의 중력 mg'와 '오른쪽으로 향하는 힘 F', 그리고 '왼쪽 비스듬히 위 방향의 항력' 이렇게 세 힘이 작용하고 있습니다.**

일반적으로 이런 면에 접촉하는 물체의 운동을 말할 때는 '접촉면에 평행 방향'으로 x축, '접촉면에 수직 방향'으로 y축을 정합니다. 다음으로 '항력'을 분해해야 합니다. 이 '항력'을 접촉면에 수직 방향으로 분해한 힘을 '수직 항력'이라고 합니다. **평행 방향으로 분해한 힘을 '평행 항력'이라고 부를 수도 있었겠지만, 역사적으로는 '마찰력'이라고 부르기로 했습니다. '수직 항력'과 '마찰력'은 같은 '항력'이었다는 말입니다.** 그것을 다루기 쉽게 면에 수직인 방향과 평행인 방향으로 분해했을 뿐입니다.

간혹 '수직 항력과 마찰력의 합력을 항력이라고 한다'라고 설명하기도 하는데, 이 말은 순서

가 반대입니다. 원래 **면에서는 '항력'이라는 하나의 힘만 작용합니다.** '수직 항력'과 '마찰력'
은 같은 '항력'에서 생긴 형제 같은 관계입니다.

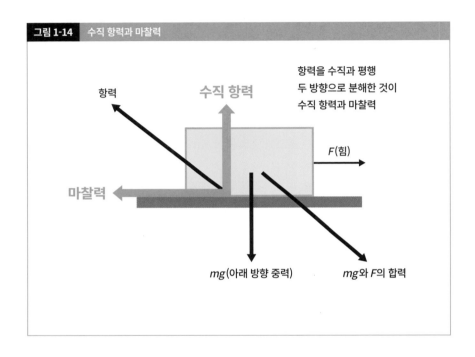

그림 1-14 수직 항력과 마찰력

항력

수직 항력

항력을 수직과 평행
두 방향으로 분해한 것이
수직 항력과 마찰력

F(힘)

마찰력

mg(아래 방향 중력)

mg와 F의 합력

세 가지 마찰력

마찰력은 크게 '정지 마찰력', '최대 정지 마찰력', '운동 마찰력' 이렇게 세 가지로 나뉩니다.

정지 마찰력은 이름대로 **'접촉면에 대해 정지해 있을' 때 생기는 힘**입니다. 정지 마찰력에는
'공식'이 없습니다. 이유는 '미는 힘의 크기'에 따라 다양한 값이 나오기 때문입니다. 예를 들
면, '3[N]의 힘을 가해서 움직이지 않았다면 정지 마찰력은 3[N]'이고, '5[N]의 힘을 가해서 움
직이지 않았다면 정지 마찰력은 5[N]'이 됩니다.

그런데 미는 힘을 계속 키우면 얼마 안 가 쭉 미끄러지기 시작합니다. 그 순간에 발생하는 힘
이 최대 정지 마찰력입니다.

수리 과학에서는 어떤 두 개의 값을 나누는 일을 '비를 구한다'라고 합니다. 여기서는 '미끄러지는 순간의 마찰력'과 '수직 항력 N'의 비를 '정지 마찰 계수 μ(뮤)'라고 정의합니다. 또, 이때의 마찰력을 '최대 정지 마찰력 f_{MAX}'라고 합니다.

즉, 다음 식을 μ의 정의 식으로 생각합니다.

$$\mu = \frac{f_{MAX}}{N}$$

$f=\mu N$이라는 '공식'이 있다고 오해하기 쉬운데, 이것은 단지 정지 마찰 계수라는 값의 정의를 나타낼 뿐, 그 이상도 그 이하도 아닙니다. 그러면 미끄러지기 시작하는 물체에는 어느 정도의 마찰력이 작용할까요? 이때 생기는 마찰력이 '운동 마찰력'입니다.

운동 마찰력에 관해서 재미있는 사실이 있습니다. 미끄러지고 있을 때 '운동 마찰력 f'와 '수직 항력 N'의 비는 어떤 물질이라도 거의 일정합니다. 이 비를 '운동 마찰 계수 μ''이라고 합니다. 즉, 다음 식을 운동 마찰 계수 μ'의 정의 식이라고 정했습니다.

$$\mu' = \frac{f'}{N}$$

이것은 매우 신기한 일이기도 합니다. 모든 물질이 어떤 속도로 움직이더라도 μ'는 일정하게 보이기 때문이죠. '운동 마찰 계수가 일정하게 보이는 이유'를 많은 과학자가 연구했지만, 아직 명확하게 밝혀진 바는 없습니다. 마찰력은 지금까지도 완전하게 설명되지 않는 힘 중 하나입니다.

탄성력의 크기를 구하는 '훅의 법칙'

원래 상태로 돌아가려는 힘

'용수철이나 고무줄'처럼 원래 상태로 돌아가려는 물체를 총칭해 '탄성체'라고 하며, 탄성체에 의해 생기는 힘을 '탄성력'이라고 합니다. 여기서는 탄성체의 대표 예로 용수철을 살펴보겠습니다.

용수철에 어떤 힘도 가하지 않을 때, 즉, 늘어나지도 수축하지도 않은 상태를 그 용수철 본래의 모습이라는 의미로 '자연 길이'라고 합니다.

손으로 힘을 가해 자연 길이 상태에서 쭉 늘리면 원래의 자연 길이로 돌아가려는 방향으로 생기는 힘이 느껴집니다. 이것이 탄성력입니다.

탄성력에도 재미있는 점이 있습니다. **'탄성력은 자연 길이에서 늘어나거나 줄어든 길이에 비례한다'**는 사실입니다.

일반적으로 비례 계수를 k라고 쓰고, '용수철 상수', '탄성 상수'라고 합니다. 따라서 그림 1-15의 경우, 늘어난 길이 x에 비례하는 힘이 왼쪽으로 생기고 그 크기 F는 $F=kx$가 됩니다. 다시 말해 **강하게 쭉 늘리거나, 꾹 누를수록 원래로 돌아가려는 힘은 크게 나타난다**는 말입니다.

하지만 언제나 성립하지는 않습니다. 예를 들어, 샤프펜슬 안에 있는 용수철을 꺼내어 세게 쭉 늘리면 아예 늘어나 버려 원래로 돌아가지 않습니다. 즉, $F=kx$는 적용 한계가 있는 실험식입니다. 어느 정도의 범위 안에서는 성립하지만, 엄밀한 식은 아닙니다.

탄성체와 탄성력의 관계는 발견자의 이름을 따 '훅(Hooke)의 법칙'이라고 합니다.

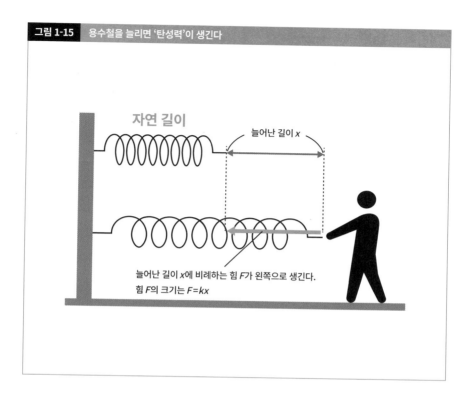

그림 1-15 용수철을 늘리면 '탄성력'이 생긴다

자연 길이

늘어난 길이 x

늘어난 길이 x에 비례하는 힘 F가 왼쪽으로 생긴다.
힘 F의 크기는 $F=kx$

로버트 훅은 뉴턴과 거의 같은 시기에 활약한 사람으로 뉴턴보다 조금 나이가 많습니다. 훅은 뉴턴과 사이가 좋지 않았던 듯합니다. 훅이 죽은 뒤, 과학회 권위자였던 뉴턴은 훅에 관한 연구, 실험 자료를 배제했고 초상화도 태웠다는 이야기가 남아 있습니다.

참고로 훅은 '보일(Boyle)의 법칙'으로 유명한 **로버트 보일**의 조수로 일할 때, 공기 펌프의 제작을 도왔습니다. 말하자면 '공기 용수철'입니다. 공기 펌프를 눌러 생기는 공기압에 의해 피스톤이 밀려 나오는 모습을 관측했지요. 그런 경험에서 훅은 '탄성체', 즉 용수철에 관심을 가졌다고 합니다.

중력, 접촉력 외의 외관상 힘 '관성력'

운동 방정식을 사용할 수 있는 세계

지금까지 굳이 다루지 않았지만, 사실 운동 방정식을 사용할 수 있는 상황은 '관성계'라는 한정된 세계뿐입니다. 단, 지면 자체를 관성계라고 생각해도 되므로 운동 방정식에서 이야기를 진행해 왔습니다.

실제로는 '관성계'가 아닌 좌표 = '비관성계'라는 상황도 존재합니다. 주변의 예가 열차나 버스입니다. 열차나 버스에 타고 있으면 몸이 옆으로 기울거나 급발진, 급정차할 때 휘청하게 되지요.

오른쪽 그림처럼 멈추어 있는 열차의 차량 앞쪽에 여행 가방이 있고, 뒤쪽에 승객이 있는 상황을 생각해봅시다. 이 열차가 오른쪽으로 가속도 a로 가속하기 시작합니다. 그러자 승객의 눈에는 여행 가방이 가속도 a로 자기 쪽으로(왼쪽으로) 움직이듯이 보입니다.

이 책을 여기까지 읽으신 분은 '가속도가 생겼다는 말은 힘이 작용하고 있다는 뜻인가? 하지만 여행 가방에 작용하는 힘은 중력 mg와 바닥으로부터의 수직 항력 N뿐이고, 왼쪽으로 작용하는 힘은 아무것도 없는데?'라는 의문이 들겠지요. 물론 고전 역학에서 힘은 '중력'과 '접촉력' 두 가지인데, 이때 느껴지는 힘은 어느 쪽에도 들어가지 않습니다.

가속도 운동을 하는 쪽에서 볼 때는 '양념'을 살짝 더해야 합니다. 이 양념이 바로 '관성력'입니다.

그림 1-16   관성력

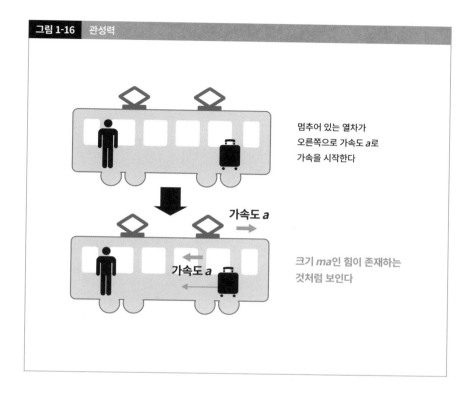

멈추어 있는 열차가
오른쪽으로 가속도 a로
가속을 시작한다

가속도 a

크기 ma인 힘이 존재하는
것처럼 보인다

가속도 a

관성력이라는 외관상의 힘

관성력이란 **가속도 운동을 하는 물체에서 보면 물체에 마치 진짜 힘 외에 가속도 방향과는 반대 방향으로 '크기 ma인 힘'이 존재하는 것처럼 보이는 '외관상'의 힘**입니다.

운동 방정식을 세울 때, 보통 지면이나 바닥 위에서 '정지해 있는 물체'에서 보고 판단합니다. 그때, 힘은 '중력'과 '접촉력' 두 가지입니다. 하지만 상황에 따라서는 '움직이는 물체'에서 보는 편이 운동에 대해 논의하기 좋을 때가 있습니다. 그 경우는 '중력'과 '접촉력' 외에 한 가지 더 '관성력'이라는 '양념'을 더해 운동 방정식을 활용합니다.

'관성력'을 이해하면 '관성계, 비관성계' 어느 쪽이든 운동 방정식을 사용해 운동에 대해 논의할 수 있습니다(참고로, 이것이 나중에 일반 상대성 이론이라는 큰 주제로 발전합니다).

운동 방정식에서 얻을 수 있는 두 가지 정보

'힘이 일정하지 않은 운동'을 만나면

과학자들은 뉴턴이 발견한 '운동 방정식'으로 다양한 운동 현상이 설명된다는 사실을 계속해서 증명해 갔습니다. 그러다 한 가지 큰 문제에 부딪혔습니다. '원리적'으로는 수학을 이용해 운동 방정식을 풀고 가속도를 구하면 물체의 다음 운동을 예상하고 예언할 수 있어야 하는데, '현실적'으로는 모든 운동을 운동 방정식으로 푸는 일이 그렇게 간단하지 않았습니다.

실제로 **고등학교 수준의 지식으로 운동 방정식이 바로 해결되는 경우는 거의 '힘이 일정한 운동'에 국한됩니다.** 왜냐하면 힘 F가 일정하면 반드시 가속도 a도 일정하고 앞에서 다룬 '등가속도 운동'이 되기 때문에 운동을 무난히 분석할 수 있기 때문입니다.

그런데 만약 힘이 일정하지 않으면 시간과 위치에 따라 다양한 값을 가져 무척 복잡한 함수의 힘이 되므로 운동 방정식을 푸는 일 자체가 상당히 어려운 문제가 되고 맙니다.

결론만 말하면 '힘이 일정하지 않은 운동'은 미분방정식을 사용해 풀어야 하므로, 대학 수준의 수학이 필요합니다. 그러면 고등학교 수학 수준에서 '힘이 일정하지 않은 운동'을 다루는 경우는 어떻게 해야 할까요? 안타깝지만 고등학교 수학 수준에서는 운동 방정식 자체를 풀지 못합니다.

하지만 안심하세요. '힘이 일정하지 않은 운동'을 만나면 다른 운동 정보를 이용하면 됩니다. **물론, 다른 운동 정보도 '운동 방정식' 안에 다 있습니다.**

'운동 방정식'에서 알 수 있는 **'가속도와는 다른 성격을 가진 별종의 운동 정보'**에 주목해보세요.

운동 방정식에서 얻을 수 있는 정보

운동 방정식에서 얻는 정보는 다음 두 가지입니다.

1. 일과 에너지
2. 충격량과 운동량

고등학교 물리 교과서에는 목차에 '제○장 운동 방정식, 제△장 일과 에너지'와 같이 쓰여 있는 경우가 많습니다. 그래서 운동 방정식과 일, 에너지, 충격량, 운동량을 모두 다른 종류로 생각하기 쉽습니다.

하지만 **일과 에너지도, 충격량과 운동량도 모두 '운동 방정식'**입니다. **모두 '운동 방정식'이라는 기본 원리를 바탕으로 만들어진 물리량입니다.** 다시 말하지만, **뉴턴 역학에서 운동은 모두 '운동 방정식'만으로 생각합니다.**

다음 페이지부터 바로 구체적으로 '일과 에너지'와 '충격량과 운동량'이 도대체 어떤 정보이며, 운동 방정식이 어떻게 연관되어 만들어졌는지 살펴보겠습니다.

일이란 '힘의 거리 합계'

운동 에너지 K

먼저 '일과 에너지'부터 설명합니다. 식의 유도는 일단 뒤로 미루고 먼저 '아 그렇구나' 정도로 가볍게 읽어주세요.

물체가 가지는 대표적인 에너지 중 하나로 **'운동 에너지 K'**가 있습니다(운동 에너지는 영어로 Kinetic energy이므로 머리글자 K를 흔히 기호로 사용합니다). 속도 v로 움직이는 물체는 운동 에너지 $K = \dfrac{1}{2}mv^2$를 가진다고 표현합니다. 단위는 [J(줄)]입니다.

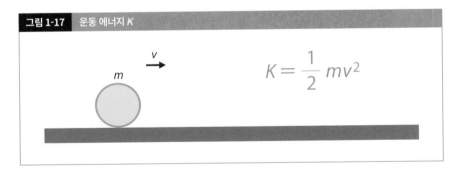

그림 1-17 운동 에너지 K

$$K = \frac{1}{2}mv^2$$

일 W

물체에 일정한 힘 F를 가해 거리 x만큼 이동시켰을 때, 그 물체에 일 $W=Fx$가 더해졌다고 표현합니다. 즉, 일이란 '힘 F를 가해 움직인 거리의 정보'로 '힘의 거리 합계'라는 뜻을 가집니다. 일상 대화에서 쓰는 '일'과는 다른 개념이므로 주의하세요.

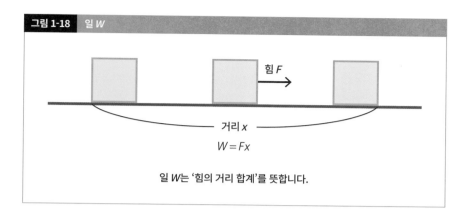

그림 1-18 일 W

힘 F

거리 x

$$W = Fx$$

일 W는 '힘의 거리 합계'를 뜻합니다.

일의 부호

일에는 기준이 되는 방향이 있습니다. 그 기준에 따라 음과 양이 정해집니다. 다음 그림을 볼까요.

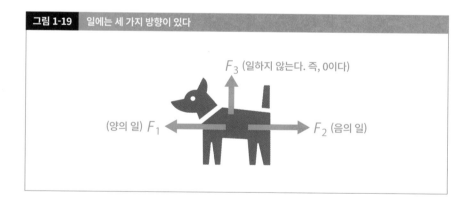

그림 1-19 일에는 세 가지 방향이 있다

F_3 (일하지 않는다. 즉, 0이다)

(양의 일) F_1

F_2 (음의 일)

왼쪽으로 가는 개에 대해 세 방향으로 힘이 작용합니다.

물체가 움직이는 방향으로 작용하는 힘 F_1은 '양의 일', 역방향 F_2는 '음의 일' 진행 방향으로 수직으로 만나는 F_3은 '일하지 않는다. 즉, 0이다'라고 정해집니다. 감각적인 언어로 표현하면 'F_1은 제대로 일하고 있다, F_2는 방해한다, F_3은 일도, 방해도 하지 않는 잘 모르는 녀석'입니다.

일과 에너지에는 어떤 관계가 있을까?

'일과 에너지'는 어디에서 나타났을까?

일과 에너지는 운동 방정식에서 나오는 정보입니다. **운동 방정식에서 나온 정보에 '일'과 '에너지'라고 이름을 붙였을 뿐입니다.**

고등학교 교과서에 일과 에너지의 도출을 싣지 않은 이유 중 하나로 수학적인 사정이 있습니다. 운동 방정식에서 일과 에너지를 엄밀하게 도출하려면 대학 수준의 미적분학 지식이 필요합니다. 이 계산이 고등학생에게 조금 어려운 장애물이기 때문에, 교과서에 '일'과 '운동 에너지'라는 용어가 불쑥 튀어나오게 되었습니다. 그래서 여기서는 고등학교 1학년 학생도 이해할 수 있게 일과 에너지의 도출 방법을 정리해 소개하려고 합니다.

그림 1-20을 봐주세요. 일단 앞에서 나온 등가속도 운동의 식 세 번째부터 도출합니다. **'등가속도 운동의 식'을 운동 방정식을 이용해 변형할 때 좌변에 나온 정보를 '운동 에너지', 우변의 정보를 '일'이라고 부르기로 했습니다.**

일과 에너지의 관계

이 도출한 식을 조금 더 변형해봅시다. 여기서는 처음부터 $x_0=0$이라고 하고, $W=Fx$라고 정합니다.

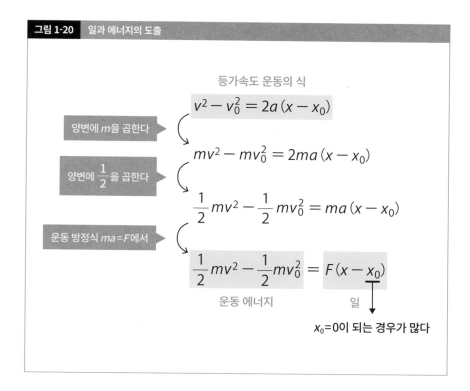

그림 1-20 일과 에너지의 도출

등가속도 운동의 식

$$v^2 - v_0^2 = 2a\,(x - x_0)$$

양변에 m을 곱한다

$$mv^2 - mv_0^2 = 2ma\,(x - x_0)$$

양변에 $\dfrac{1}{2}$을 곱한다

$$\frac{1}{2}mv^2 - \frac{1}{2}mv_0^2 = ma\,(x - x_0)$$

운동 방정식 $ma = F$에서

$$\frac{1}{2}mv^2 - \frac{1}{2}mv_0^2 = F\,(x - x_0)$$

운동 에너지 　　　 일

$x_0 = 0$이 되는 경우가 많다

그러면 다음과 같은 형태가 됩니다.

$$\frac{1}{2}mv^2 - \frac{1}{2}mv_0^2 = W$$

이 식을 이항해 정리하면 다음 식이 됩니다.

$$\frac{1}{2}mv_0^2 + W = \frac{1}{2}mv^2$$

이 식은 '처음의 운동 에너지에 일을 더하면 나중의 운동 에너지가 된다'로 해석할 수 있습니다.

에너지와 일은 돈의 관계와 비슷하다

이 식은 '일과 에너지의 관계' 또는 '에너지 원리'라고 부릅니다.

일과 에너지의 관계성은 돈과 비슷합니다. 지금 지갑에 1만 원이 있다고 해봅시다. 여기에 부모님으로부터 2만 원 용돈을 받았습니다. 그러면 지갑에는 3만 원이 있습니다.

이것이 '최초의 에너지'에 '일'을 더하면 '나중의 에너지'가 되는 것과 같은 예입니다.

일과 에너지는 어떤 때에 편리할까요?

'일과 에너지', '충격량과 운동량'은 '운동 방정식'을 완벽하게 풀어서 나온 완전무결한 정보가 아닙니다.

이 말은, 변형으로 내는 정보는 **'충분하지 않고 부족'**하다는 뜻입니다. 하지만 뒤집어보면 '특정 정보는 얻을 수 있다'라는 말이기도 합니다.

[속도] ⇔ [위치]를 직접 연결하는 정보

다시 한번 아래 식을 잘 살펴봅시다.

$$\frac{1}{2}mv_0^2 + W = \frac{1}{2}mv^2$$

좌변에 최초의 빠르기인 처음 속도 v_0의 제곱, 우변에는 최종 속도 v의 제곱 정보가 나타나 있습니다. 중간 항인 일 $W = Fx$는 힘이 작용한 거리의 합계 정보입니다.

'일과 에너지'는 도중의 해석을 완전히 무시한 '어떤 두 점 사이의 [속도] ⇔ [위치]'를 직접 연결하는 해석 방법임을 기억해둡시다.

충격량이란 '힘의 시간 합계'

운동량이란 무엇인가?

'일과 에너지' 외에 운동 방정식에서 얻을 수 있는 다른 한 가지 운동에 관한 정보가 '충격량과 운동량'입니다.

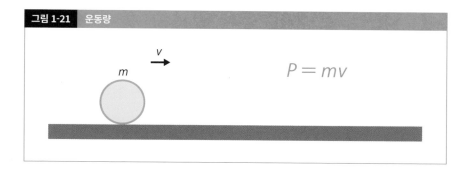

그림 1-21 운동량

$$P = mv$$

질량을 가지는 물체가 속도 v로 움직일 때, 그 물체의 운동량은 다음과 같이 표현합니다.

운동량 $P = mv$

교과서에는 운동량이 '운동의 강도'를 표현하는 양이라고 설명되기도 하지만, 어디까지나 '나중에 붙인 이미지'일 뿐입니다. 게다가 오해하기 쉬운데, '운동의 강도'를 표현하고 싶어서 '운동량 $P = mv$'가 되는 것은 절대 아닙니다.

뒤에도 나오겠지만, 운동량은 운동 방정식에 '어떤 조작'을 실행해 자동적으로 생성되는 정

보입니다. 생성된 후에 'P=mv는 운동의 강도 같은 것이구나' 하는 느낌으로 나중에 이미지
가 만들어졌습니다.

충격량

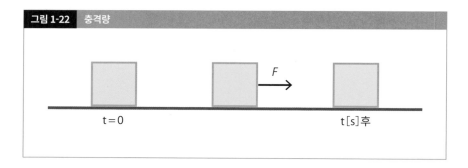

물체에 일정한 힘 F를 일정 시간 t[s] 동안 가할 때, 그 물체에 충격량 I=Ft가 생긴다고 표현
합니다. 즉, **충격량이란 '힘 F를 가한 시간'이라는 정보로, '힘의 시간 합계'**라는 의미를 가집
니다.

'일'은 '힘의 거리 합계'이며, '충격량'은 '힘의 시간 합계'이므로 이들은 서로 다른 물리량입
니다. '서로 다른 정보'란 '서로 다른 상황'에서 사용한다는 말입니다. 이 점에 대해서는 다시
구체적으로 이야기하려고 합니다.

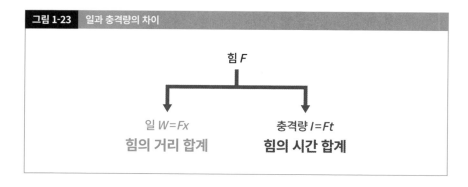

충격량과 운동량에는 어떤 관계가 있을까?

'충격량과 운동량'은 어디에서 나타나는가?

이어서, '충격량과 운동량'을 도출해보겠습니다. 정확한 도출 방법은 '일과 에너지'에서와 마찬가지로 대학 수준의 미적분법이 필요하므로 조금 조정해보겠습니다. 우선 질량 m인 물체가 속도 v_0로 움직인다고 합시다. 이 물체에 일정한 힘 F가 t[s] 동안 가해진 뒤, 속도 v로 변화한 등가속도 운동의 일직선 운동을 예로 생각해보겠습니다. 먼저 등가속도 운동의 첫 번째 식을 준비합니다. v_0를 이항하고 양변에 질량 m을 곱합니다. 그리고 운동 방정식에서 ma가 F가

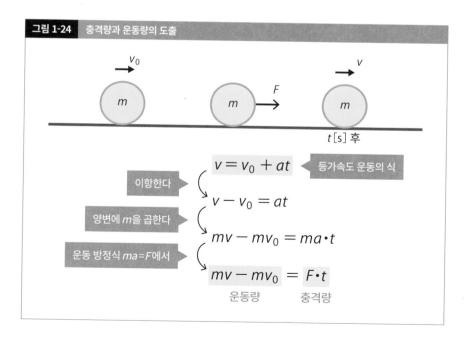

그림 1-24 충격량과 운동량의 도출

$$v = v_0 + at \quad \text{등가속도 운동의 식}$$

이항한다

$$v - v_0 = at$$

양변에 m을 곱한다

$$mv - mv_0 = ma \cdot t$$

운동 방정식 ma=F에서

$$mv - mv_0 = F \cdot t$$

운동량   충격량

되어 최종 식이 됩니다.

마지막 식의 좌변이 '운동량', 우변이 '충격량'입니다.

일과 에너지의 관계

그림 1-24의 식을 다음과 같이 이항해봅시다.

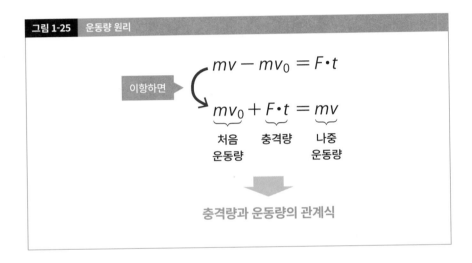

그림 1-25 운동량 원리

$$mv - mv_0 = F \cdot t$$

이항하면

$$\underbrace{mv_0}_{\text{처음}} + \underbrace{F \cdot t}_{\text{충격량}} = \underbrace{mv}_{\text{나중}}$$

처음
운동량   충격량   운동량

충격량과 운동량의 관계식

이 식은 **'처음 운동량에 충격량을 더하면 나중 운동량이 된다'**고 해석할 수 있습니다. 이 식을 '충격량과 운동량의 관계' 또는 '운동량 원리'라고 합니다. '일과 에너지의 관계' 식과 비슷하지요.

충격량과 운동량은 [속도] ⇔ [시간]을 직접 연결하는 정보

충격량 $Ft = I$라고 하면 '충격량과 운동량의 관계'는 $mv_0 + I = mv$가 됩니다. 이 식의 좌변에는 처음 속도 v_0, 우변에는 나중 속도 v의 정보가 있습니다. 중간 항인 충격량 $I = Ft$는 힘이 작용하는 시간의 합계 정보입니다. 즉, '충격량과 운동량'은 중간 해석을 완전히 무시한 **'어떤 두 점 사이의 [속도]⇔[시간]'을 직접 연결하는 해석 방법**입니다.

에너지와 운동량은 언제 사용하면 좋을까?

에너지와 운동량의 활용

'일과 에너지', '충격량과 운동량'이 도움이 되는 상황은 크게 두 가지입니다.

첫 번째는 **'힘 *F*가 매우 복잡한 함수가 될 때'**입니다. 이 경우, 원래 운동 방정식을 풀기가 매우 어렵기 때문에 '일과 에너지', '충격량과 운동량'으로 두 점 사이의 정보를 확인하고 만족할 수밖에 없습니다.

두 번째는 **'운동 방정식은 풀 수 있지만, 원하는 정보가 두 점 사이의 정보뿐일 때'**입니다. 이 것이 '일과 에너지', '충격량과 운동량' 최대의 이점입니다. 운동 방정식은 운동에 관한 완전무결한 정보입니다. 바꾸어 말하면 **원하는 정보 이외에도 많은 정보가 포함되어 있다**는 말입니다. '두 점 사이의 정보'만으로 만족할 때는 굳이 '운동 방정식'을 풀지 않고 '일과 에너지', '충격량과 운동량'으로 딱 원하는 정보만 확인하는 편이 편리합니다.

자유 낙하의 해석

이 설명만으로는 바로 이해되지 않는 분도 있을 테니, **'*h*만큼 자유 낙하(free fall)를 할 때의 속도와 낙하에 걸리는 시간을 구하시오'**라는 문제를 '등가속도 운동'으로 해석해봅시다. **자유 낙하란 처음 속도가 0인 낙하 운동**입니다.

그림 1-26처럼 공에 *mg*인 중력이 아래쪽으로 작용하고 있습니다. 즉, 중력 가속도 *g*인 등가속도 운동입니다. v_0는 자유 낙하이므로 0, 가속도 *a*는 아래 방향으로 *g*입니다. 먼저 *h*만큼 떨어질 때까지 시간 *t*를 등가속도 운동의 식을 이용해 구합니다.

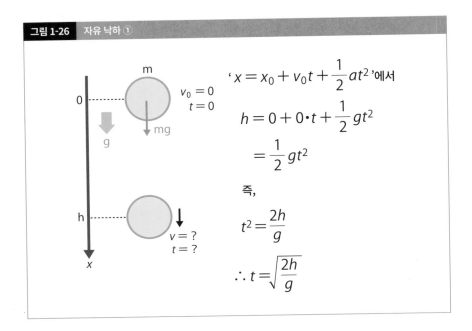

그림 1-26 자유 낙하 ①

'$x = x_0 + v_0 t + \dfrac{1}{2} at^2$'에서

$$h = 0 + 0 \cdot t + \dfrac{1}{2} gt^2$$

$$= \dfrac{1}{2} gt^2$$

즉,

$$t^2 = \dfrac{2h}{g}$$

$$\therefore t = \sqrt{\dfrac{2h}{g}}$$

다음은 속력의 식에 대입합니다. 그러면 다음과 같은 형태가 됩니다.

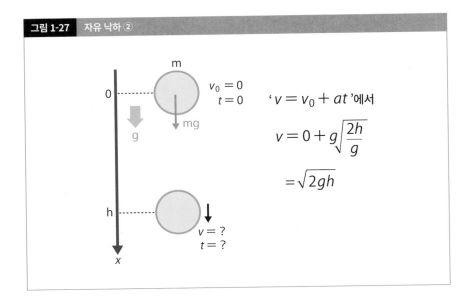

그림 1-27 자유 낙하 ②

'$v = v_0 + at$'에서

$$v = 0 + g\sqrt{\dfrac{2h}{g}}$$

$$= \sqrt{2gh}$$

다음은 '일과 에너지', '충격량과 운동량'에서 h만큼 낙하할 때의 속력과 낙하에 걸리는 시간을 구해보겠습니다.

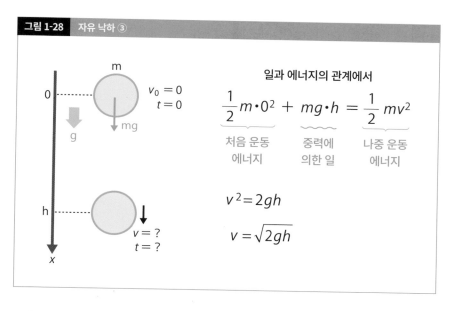

그림 1-28 자유 낙하 ③

일과 에너지의 관계에서

$$\frac{1}{2}m \cdot 0^2 + mg \cdot h = \frac{1}{2}mv^2$$

처음 운동 에너지   중력에 의한 일   나중 운동 에너지

$$v^2 = 2gh$$

$$v = \sqrt{2gh}$$

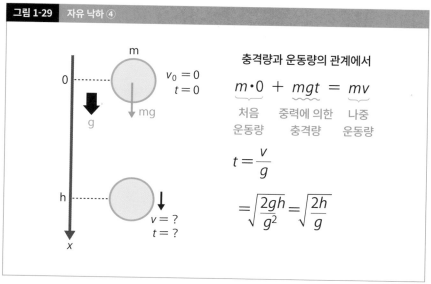

그림 1-29 자유 낙하 ④

충격량과 운동량의 관계에서

$$m \cdot 0 + mgt = mv$$

처음 운동량   중력에 의한 충격량   나중 운동량

$$t = \frac{v}{g}$$

$$= \sqrt{\frac{2gh}{g^2}} = \sqrt{\frac{2h}{g}}$$

66쪽의 그림 1-26과 그림 1-27은 운동 방정식에서 가속도를 구하는데, 67쪽의 그림 1-28과 그림 1-29는 **처음부터 시작 위치와 h만큼 낙하한 최종 위치를 직접 연결합니다. 도중 해석이 전혀 없습니다.** 이렇게 '일과 에너지', '충격량과 운동량'을 사용하면 해석의 번거로움이 큰 폭으로 줄어든다는 점에서 좋습니다.

'고전 역학'의 전체 모습에 대해

이상의 내용에서 고전 역학의 전체 모습이 보입니다.

운동의 출발 지점은 언제나 운동 방정식입니다. 운동 방정식을 활용할 때는 먼저 물체에 작용하는 힘 F를 찾습니다. 여기서 크게 '힘 F가 일정할 때'와 '힘 F가 일정하지 않을 때' 두 가지로 나뉩니다. '힘 F가 일정할 때'는 해석이 간단합니다. F가 일정하면 가속도도 일정해, 등가속도 운동이 되므로 '등가속도 운동의 식'을 사용하면 어떤 현상이든 완벽하게 정보를 구할 수 있습니다. 등가속도 운동에서 '두 점 사이의 정보'만 알고 싶다면 '일과 에너지', '충격량과 운동량'으로 충분합니다.

반면, '힘 F가 일정하지 않을 때'는 가속도가 일정하지 않기 때문에 등가속도 운동의 식을 사용하지 못합니다. '일과 에너지'와 '충격량과 운동량'만으로 해석해야 합니다.

역시 운동의 해석은 '힘을 보고 판단'해야 합니다.

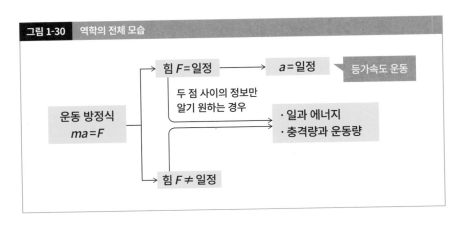

그림 1-30 역학의 전체 모습

중력의 일을 에너지로 보는 '위치 에너지'

위치 에너지는 '약속된 일'

다음은 '위치 에너지'를 살펴보겠습니다.

우선 '중력이 하는 일'을 아래 그림과 같이 세 상황에서 구해봅니다.

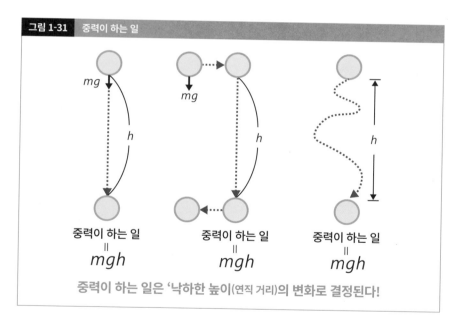

그림 1-31 중력이 하는 일

중력이 하는 일은 '낙하한 높이(연직 거리)의 변화로 결정된다!'

놀랍게도 중력이 하는 일은 세 상황 모두 mgh입니다. 사실 **'중력이 하는 일'은 '낙하한 높이** **(연직 거리)'만으로 결정되며, 어떻게 떨어졌는지**(낙하 방법)**에는 영향받지 않습니다.** 느릿느릿 움직여도 h만큼 낙하하면 중력이 한 일은 'mgh'입니다.

원래 일은 '움직이는 길(경로라고 합니다)'에 따라 계산하지만, 중력이 하는 일은 어느 정도 높이만큼 낙하하는지만 추정하면 구할 수 있습니다. 즉, **'중력이 하는 일'은 시작과 끝의 높이만 알면 '약속된 일'이라는 해석이 가능**합니다.

여기서 '중력이 하는 일'을 운동 에너지처럼 '에너지'로 다루는 편이 편하기 때문에 '물체의 위치로 결정된다'라는 뜻에서 '위치 에너지'라고 부릅니다.

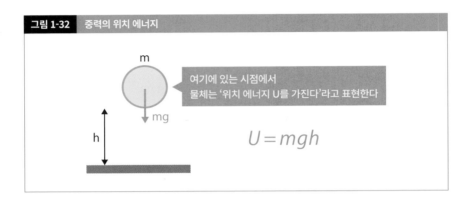

그림 1-32 중력의 위치 에너지

m

여기에 있는 시점에서
물체는 '위치 에너지 U를 가진다'라고 표현한다

mg

h

$U = mgh$

위 그림의 상태에서는 기준 위치를 지면의 높이로 정한 경우, 높이 h의 위치에 존재할 때 그 물체의 '중력의 위치 에너지를 U'라고 하며 '$U = mgh$'로 표현합니다.

위치 에너지가 만들 수 있는 힘 = 보존력

일이 행해지는 방식에 상관없이 처음과 마지막 위치만으로 힘이 결정되는 경우는 꽤 드뭅니다. 그렇게 위치 에너지를 정의하는 힘을 '보존력'이라고 합니다. **'중력'은 '보존력'의 대표적인 예**입니다. 중력 외에 '탄성력'이나 '만유인력(사실은 중력과 같습니다)', 전자기학까지 포함하면 '쿨롱 힘'도 '보존력'입니다.

반면, 명백히 그 힘에 의한 일이 행해지는 방식에 좌우되는 경우에는 '실제로 어떻게 움직였는지'까지 파악해야 일을 구하고 위치 에너지를 정의할 수 있습니다. 이런 힘을 총칭해 '비보존력'이라고 합니다. '비보존력'의 대표 예로는 '마찰력'이 있습니다.

'역학적 에너지'는 운동 에너지와 위치 에너지의 합

역학적 에너지란?

'역학적 에너지 보존 법칙'의 **'보존'은 '시간이 지나도 변하지 않는다'라는 의미**입니다. 어떤 물리량이 불변할 때 사용합니다. '역학적 에너지'는 앞에서 말한 '운동 에너지'나 '위치 에너지' 다음 나온 새로운 개념이 아닙니다. **'역학적 에너지'는 '운동 에너지와 위치 에너지의 합'**입니다. 아래 그림을 보세요.

높이가 h_0이고 속력이 v_0인 물체가 어떤 힘 F로 끌어 올려져, 최종적으로 높이가 h이고 속력이 v가 된 운동이 그려져 있습니다.

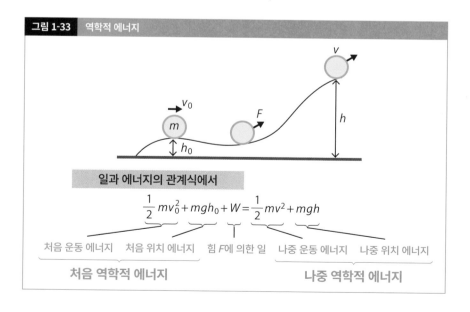

그림 1-33 역학적 에너지

일과 에너지의 관계식에서

$$\frac{1}{2}mv_0^2 + mgh_0 + W = \frac{1}{2}mv^2 + mgh$$

처음 운동 에너지 처음 위치 에너지 힘 F에 의한 일 나중 운동 에너지 나중 위치 에너지

처음 역학적 에너지   나중 역학적 에너지

이때 '일과 에너지의 관계' 식은 다음과 같습니다.

$$\frac{1}{2}mv_0{}^2 + mgh_0 + W = \frac{1}{2}mv^2 + mgh$$

앞에서 말한 대로 '운동 에너지와 위치 에너지의 합'이 '역학적 에너지'입니다. 그러므로 이 식은 [처음 역학적 에너지]+[일 W]=[나중 역학적 에너지]를 의미합니다. [처음 역학적 에너지]와 [나중 역학적 에너지]는 보통 같은 값이 되지는 않는데, 유일하게 [처음 역학적 에너지]와 [나중 역학적 에너지]가 같은 값이 되는 경우가 있습니다. 바로 **[일 W]의 값이 0이 될 때입니다.**

물체가 움직이고 있을 때, 작용하는 힘 F의 일 W가 0이면 $\frac{1}{2}mv_0{}^2 + mgh_0 = \frac{1}{2}mv^2 + mgh$이 되고, [처음 역학적 에너지]=[나중 역학적 에너지]가 됩니다. 이것을 '역학적 에너지 보존 법칙'이라고 합니다. 결국 **'역학적 에너지 보존 법칙'은 '일과 에너지의 관계'에서 일이 0인 특별한 상태**입니다.

'보존 법칙'에는 적용 조건이 있다

앞으로 '보존 법칙'이라는 용어가 몇 번 나올 텐데, 모두 '적용 조건'이 있습니다. '역학적 에너지 보존 법칙'의 '적용 조건'은 이미 답이 나와 있듯이 [일 W]의 값이 0이 될 때입니다.

어떤 경우에 일의 값이 0이 될까요? '원래 힘 F가 없을 때'는 당연히 일이 0이 되지만, 힘이 작용하는데도 일을 0으로 생각할 때가 있습니다. 바로 '보존력'의 일인 경우입니다. 왜냐하면 '보존력'은 '일'은 계산하지 않고 '위치 에너지'라는 '에너지'를 생각하는 힘이기 때문입니다.

이상을 정리하면 '역학적 에너지 보존 법칙'이 성립하는 조건은 '위치 에너지'가 정의되지 않는 힘, 즉 **'비보존력의 일이 0이 될 때'**입니다.

운동량의 총합은 충돌 전후가 같다

충돌론

앞에서 운동 방정식을 통해 얻는 정보 중 한 가지인 '에너지'가 보존되는 현상을 살펴보았습니다. 그러면 마찬가지로 운동 방정식에서 얻는 정보인 '운동량'이 보존되는 현상은 없을까요? '운동량'이 보존되는 대표적인 현상이 '충돌'입니다. 이 '충돌론'을 다루면서 '운동량 보존 법칙'을 살펴봅시다.

아래 그림을 봐주세요. 일직선 위의 두 물체가 충돌하는 모습입니다. 왼쪽에 있는 물체 1은

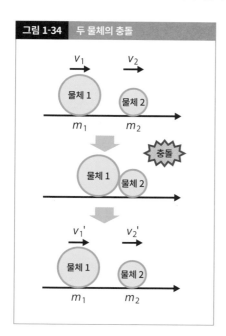

그림 1-34　두 물체의 충돌

질량 m_1, 속도가 v_1이며, 오른쪽에 있는 물체 2는 질량 m_2, 속도 v_2로 움직입니다. v_1이 v_2보다 빠르다고 가정합니다. 그러면 곧 물체 1이 물체 2에 가까워져 부딪힙니다. 충돌 후, 물체 1과 물체 2의 속도는 각각 $v_1{}'$과 $v_2{}'$가 되었다고 합시다.

이제 물체 1과 물체 2의 '운동량 원리'의 식을 세워보겠습니다.

먼저 물체 1이 가지는 처음 운동량은 $m_1 v_1$이고, 충돌 후의 운동량은 $m_1 v_1{}'$입니다. 처음과 나중에 운동량의 값이 다른 이유 충돌할 때 물체 2와 부딪혀서 생기는 충격량이

있기 때문입니다.

그런데 일반적으로 충돌했을 때 작용하는 힘의 값을 직접 알아보기는 매우 어렵습니다. 우선 충돌할 때 물체 1에 생기는 충격량은 크기를 I라고 표현합니다. 그 외에 알고 있는 정보로, 이 충격량의 방향은 확실히 왼쪽이므로 좌표의 오른쪽을 (+)라고 설정했다면, (−)의 값이 됩니다.

이상에서 물체 1의 '운동량 원리'는 다음과 같습니다.

$$m_1 v_1 + (-I) = m_1 v_1'$$

물체 2도 똑같이 생각해봅시다. 물체 2가 가진 처음 운동량은 $m_2 v_2$이며, 충돌한 뒤의 운동량은 $m_2 v_2'$가 됩니다.

부딪힌 순간에 물체 2에 생기는 힘은 '작용·반작용의 법칙'에서 물체 2가 물체 1에 주는 힘의 반작용이 되므로 물체 2에 생기는 충격량은 물체 2가 물체 1에 주는 충격량(−I)의 반대 방향이면서 같은 크기인 +I입니다. 따라서 물체 2의 '운동량 원리'는 $m_2 v_2 + I = m_2 v_2'$가 됩니다.

그러면 여기서 물체 1과 물체 2의 '운동량 원리'의 식 두 개를 더해보겠습니다. 그러면 아래의 계산이 됩니다.

그림 1-35 운동량 보존 법칙의 계산

충격량이 지워진다!

$$m_1 v_1 + (-I) = m_1 v_1'$$
$$+ \big)\ m_2 v_2 + \quad I\ = m_2 v_2'$$
$$\overline{m_1 v_1 + m_2 v_2 = m_1 v_1' + m_2 v_2'}$$

각각에 작용하는 힘으로 생기는 충격량이 깔끔하게 지워지므로 최종적으로는 다음 식이 됩니다.

$$m_1 v_1 + m_2 v_2 = m_1 v_1' + m_2 v_2'$$

이 식을 잘 보면 [충돌 전의 운동량의 합]=[충돌 후의 운동량의 합]이 됩니다. 충돌 전후, 운동량의 총합은 달라지지 않았습니다. 즉, 운동량이 보존됩니다. 따라서 위의 식을 '운동량 보존 법칙'이라고 합니다.

'운동량 보존 법칙'의 적용 조건

'역학적 에너지 보존 법칙'에서도 말했듯이, '○○ 보존 법칙'은 언제나 쓸 수는 없으며 **적용 조건**이 있습니다.

그러면 '운동량 보존 법칙'의 적용 조건은 무엇일까요? **어떻게 해서 $m_1 v_1 + m_2 v_2 = m_1 v_1'$ $+ m_2 v_2'$를 유도했는지 돌이켜보면** 알 수 있습니다.

물체 1과 물체 2의 운동량 원리인 $m_1 v_1 + (-I) = m_1 v_1'$와 $m_2 v_2 + I = m_2 v_2'$를 더하면 $m_1 v_1 +$ $m_2 v_2 = m_1 v_1' + m_2 v_2'$입니다. 마침 물체에 서로 작용하는 충격량의 값이 같은 크기이고, 방향은 반대이므로 충격량 I의 항을 소거합니다. 이것이 조건입니다. 충격량이 완전히 소거되면 $m_1 v_1 + m_2 v_2 = m_1 v_1' + m_2 v_2'$가 됩니다.

그러면 왜 이 충돌에서 충격량이 역방향으로 같은 크기가 될까요? 물체 1이 물체 2에 힘을 줄 때, 크기가 같고 방향이 반대인 힘을 물체 2도 물체 1에 주고 있습니다. 이렇게 서로 작용하는 힘을 '내력'이라고 합니다. 물체 1과 물체 2 내의 힘이라는 말입니다. 물체 1과 물체 2 사이에서 만들어진 힘이며, 외부는 관계가 없습니다. 즉, 결국 **운동량 보존 법칙의 적용 조건은 '내력만 서로에게 영향을 미칠 때'**라고 정리할 수 있습니다.

충돌 현상은 내력만 서로 영향을 주는 대표적인 현상입니다.

충돌 전후의 상대 속도 차이로 '반발 계수'를 구한다

반발 계수의 정의

'충돌'에서는 '운동량 보존 법칙' 외에 '반발 계수'라는 물리량을 정의해두고 자주 씁니다. 다음 그림은 앞에서 말한 운동량 보존 법칙에서도 보았던 두 물체의 충돌 현상입니다.

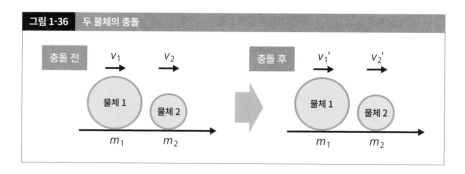

그림 1-36   두 물체의 충돌

충돌 전후의 속도를 이용해 반발 계수 e를 다음과 같이 정의합니다.

$$e = -\frac{v_1' - v_2'}{v_1 - v_2}$$

'충돌'이라는 현상을 물체 2에서 본 물체 1의 상대 운동이라는 관점으로 생각해보면, 정의식의 의미는 생각보다 단순합니다. 물체 2에 '자신'이 올라탄 상태에서 본 물체 1의 운동은 '물체 1이 자신(물체 2)에게 가까워지다가, 부딪히고 그후에는 멀어진다'로 관측됩니다. 이때 물체 2에 가까워지는 물체 1의 상대 속도는 $v_1 - v_2$이며, 부딪힌 후에 멀어질 때의 상대 속도는

$v_1'-v_2'$이 됩니다. 즉, **'반발 계수'란 '가까워지는 속도'와 '멀어지는 속도'를 수치화한 것입니** 다. 왜냐하면 $e=-\dfrac{v_1'-v_2'}{v_1-v_2}$는 $v_1'-v_2'=-e(v_1-v_2)$로 변형되기 때문입니다.

좌변 $v_1'-v_2'$는 충돌 후의 상대 속도입니다.

따라서 이 식을 그대로 해석하면 **'충돌 후의 상대 속도 $v_1'-v_2'$는 충돌 전의 상대 속도 v_1- v_2 크기의 e배이며 방향은 반대다'**입니다.

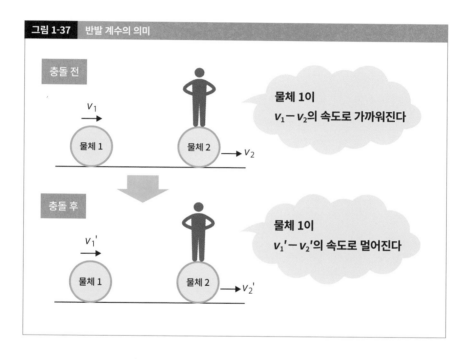

그림 1-37 반발 계수의 의미

충돌에서 정의한 반발 계수 e의 값에 따라 충돌은 다음 세 가지로 크게 나뉩니다.

① (완전) 탄성 충돌 … $e=1$

② 비탄성 충돌 … $0<e<1$

③ 완전 비탄성 충돌 … $e=0$

공을 사용하는 스포츠에서, 특히 공식 경기에서 사용하는 공의 경우, 허용되는 '반발 계수'의 조건이 스포츠마다 각각 정해져 있습니다.

일정한 속력으로 움직이는 원운동의 속력과 각속도의 관계

일정한 '속력'으로 빙글빙글 돈다

'일직선 위의 운동'이 아닌 '원운동'을 생각해봅시다. 이름처럼 '원운동'이란 움직이는 궤도가 '원'으로 한정된 운동입니다.

그중 가장 단순한 원운동인 '등속 원운동'을 알아보겠습니다. 등속 원운동은 일정한 '속력'으로 움직이는 원운동입니다. 이 등속 원운동을 특징짓는 물리량을 몇 가지 소개합니다.

| 그림 1-38 | 원운동 |

각속도 = 1초 동안 어느 정도 각도를 회전하는가

주기 = 한 바퀴 회전하는데 데 걸리는 시간, 주기 $T=3[s]$이면 '한 바퀴 회전하는 데 3초가 걸린다'라는 뜻이다

진동수 = 1초 동안 회전하는 수, 진동수와 주기는 역수의 관계다

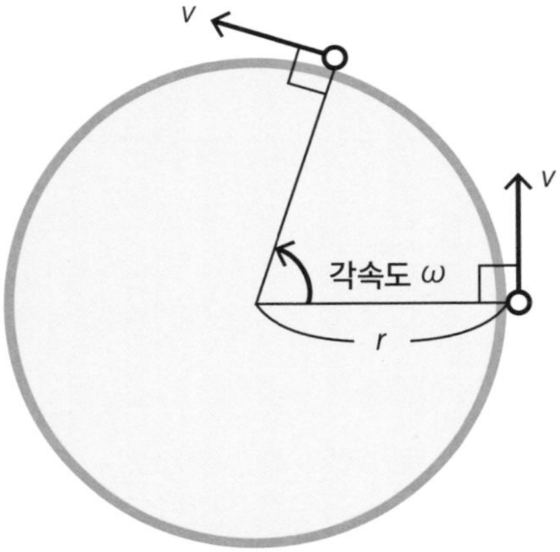

① 각속도 ω(오메가)[rad/s]

물체의 움직임을 관찰할 때는 '속력'에 주목했습니다. 원운동에서도 속력을 다루지만, '등속원운동'인 경우, 독특한 물리량으로 '각속도'를 도입합니다. 정의는 **'단위 시간(1s) 동안 각도의 변화'**입니다. 즉, '1초 동안 어느 정도의 각도를 회전하는가'를 뜻합니다. 바로 '각도의 빠르기'를 나타내는 물리량입니다. 1초 동안 회전하는 각도이므로 **이 값이 클수록 빠르게 돕니다.**

② 주기 T[s]

다음은 '주기'입니다. 정의는 **'한 바퀴 회전하는 데 걸리는 시간'**입니다. '한 바퀴, 즉 일주에 걸리는 기간'이므로 '주기'라는 단어로 부릅니다. 시간이므로 단위는 당연히 [s]입니다.

③ 진동수 f[Hz]

'진동수'는 **'1초 동안 원을 회전하는 횟수'**입니다. 단위는 [회/s]가 알기 쉽지만, 진동수에는 [Hz(헤르츠)]라는 단위가 있습니다. 주기 T와 진동수 f에는 흥미로운 상관 관계가 있습니다. 주기 T가 3[s]라고 해볼까요? '한 바퀴 도는 데 3초 걸린다'입니다.

그러면 1초 동안은 몇 바퀴 회전 할까요? '한 바퀴에 3초 걸린다'는 말은 '1초 동안은 $\frac{1}{3}$바퀴만큼 회전한다'는 뜻이지요.

이때 $\frac{1}{3}$이 바로 진동수 f입니다. 왜냐하면 '1초 동안 몇 바퀴 회전하는가'가 진동수의 정의이기 때문입니다. 이렇게 **주기와 진동수는 항상 '역수'의 관계이고, 언제나 $T = \frac{1}{f}$ 이 성립합니다.**

'속력 v'와 '각속도 ω'의 관계

그러면 속력 v와 각속도 ω는 어떤 관계가 있을까요?

그림 1-38의 원운동을 다시 한번 살펴봅시다. 원운동(뿐만 아니라 모든 운동)에서 속도는 항상 움직이는 궤도의 접선 방향을 향합니다. 이때 주기 T를 각속도 ω와 속력 v를 사용해 나타내봅시다.

그림 1-39 속력 v와 각속도 ω의 관계식

$$T = \frac{2\pi}{\omega} = \frac{2\pi r}{v}$$

이 식에서

$$v = r\omega$$

주기란 '한 바퀴 회전하는 데 걸리는 시간'입니다. 한 바퀴 회전하는 데 각도는 얼마나 변할까요? 당연히 360°, 즉 2π[rad]입니다. 각속도 ω를 사용해 주기 T를 나타내면 $T = \frac{2\pi}{\omega}$가 됩니다.

속력 v를 사용하면 주기 T는 어떻게 될까요? 속력은 '1초 동안 움직이는 거리'입니다. 한 바퀴 돌면 물체는 원둘레의 길이만큼 움직입니다. 반지름이 r이므로 원둘레는 $2\pi r$입니다. 따라서 주기 $T = \frac{2\pi r}{v}$이 됩니다.

지금 같은 주기 T를 $T = \frac{2\pi}{\omega}$와 $T = \frac{2\pi r}{v}$, 두 가지로 표현했습니다. 이 둘을 비교하면 속력 v와 각속도 ω의 사이에서 $v = r\omega$라는 관계식이 나옵니다.

'등속 원운동'의 가속도

속력의 관계를 파악했으므로 계속해서 가속도에 대해 생각해보겠습니다.

그 전에 물체는 어떻게 '원운동'을 하는지, 힘에 주목해 생각해봅시다. 육상 경기인 해머 던지기를 예로 들겠습니다. 중심에 선 선수가 와이어 끝에 달린 포환을 돌리고 있다면, 포환에는 어느 정도의 힘이 작용할까요? 포환에 작용하는 '접촉력'은 와이어의 장력입니다. 이 장력은 항상 중심을 향합니다. 사실 '원운동'을 하기 위해서는 반드시 '중심을 향하는 힘'이 있어야 합니다. 이 힘을 '중심을 향하는 힘'이라는 의미로 '향심력' 또는 '구심력'이라고 합니다. 원운동의 중심에는 반드시 힘이 있습니다. 힘이 있으면 가속도가 있으므로 중심을 향한 가속도(구심가속도)도 있습니다.

뉴턴이 발견한 만유인력에 대해서는 나중에 자세히 설명하겠지만, '뉴턴은 사과가 떨어지는 장면을 보고 만유인력을 발견했다'라는 이야기를 자주 들어보셨겠지요. 사실 이 이야기는 만

들어졌을 가능성이 큽니다.

뉴턴은 절대 사과 하나를 보고 만유인력을 깨달은 것이 아닙니다. '사과는 떨어지는데 왜 달은 빙글빙글 지구 주위를 돌기만 하고 떨어지지 않을까?'라는 의문을 품고 달의 운동을 연구하기 시작했습니다. 그리고 결국 달도 지구를 향해 '떨어지고 있다'는 사실을 깨달았습니다. 다음 그림을 볼까요?

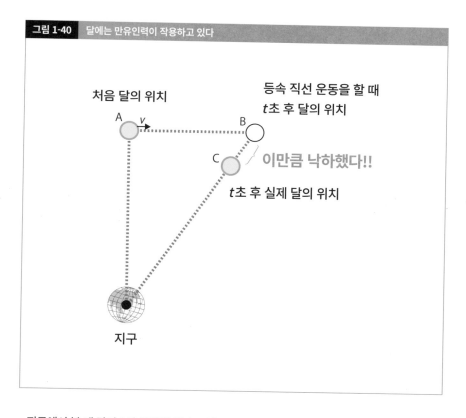

그림 1-40 달에는 만유인력이 작용하고 있다

처음 달의 위치

등속 직선 운동을 할 때
t초 후 달의 위치

A v B

C 이만큼 낙하했다!!

t초 후 실제 달의 위치

지구

지구에서 볼 때 달이 A의 위치에 있다고 해봅시다. 물론 속도의 방향은 원의 접선 방향입니다. 만약 달에 전혀 힘이 작용하지 않는다면 달은 어떻게 움직일까요? '힘이 없다' ⇒ '가속도가 없다' ⇒ '속도에 변화가 생기지 않는다' ⇒ '등속 직선 운동을 한다'가 되므로 만약 힘이 작용하지 않으면 달은 B의 위치까지 갈 것입니다.

그러나 현실에서는 달이 지구의 주위를 돌기 때문에 C점에 있습니다. 달에는 지구를 향하는 힘이 작용하고 있고, B점에서 C점 사이의 거리만큼 '떨어지고 있음'을 관찰할 수 있습니다. 이 힘을 만유인력이라고 합니다.

그러면 이 고찰에서 다음과 같이 가속도를 수식으로 평가해봅시다.

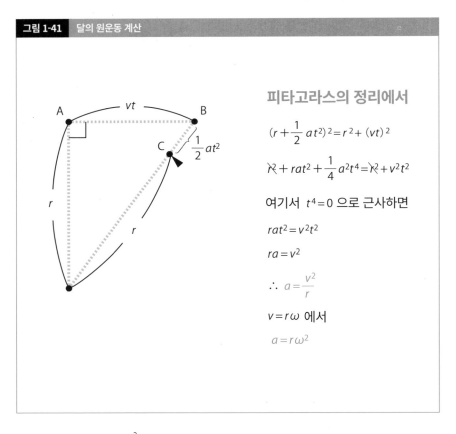

그림 1-41 달의 원운동 계산

피타고라스의 정리에서

$$(r + \frac{1}{2}at^2)^2 = r^2 + (vt)^2$$

$$\cancel{r^2} + rat^2 + \frac{1}{4}a^2t^4 = \cancel{r^2} + v^2t^2$$

여기서 $t^4 = 0$ 으로 근사하면

$$rat^2 = v^2t^2$$

$$ra = v^2$$

$$\therefore a = \frac{v^2}{r}$$

$v = r\omega$ 에서

$$a = r\omega^2$$

이렇게 가속도도 $a = \dfrac{v^2}{r}$이나 $a = r\omega^2$가 되어, v나 ω를 사용해 표현할 수 있습니다. 일반적으로 가속도는 '힘'을 발견하지 못하면 알 수 없으므로 이것은 무척 놀랄 만한 일입니다. '원운동'인 경우, 힘을 발견하지 못하는 상황에서 가속도를 수식으로 평가할 수 있기 때문입니다.

가속도가 한정된 원운동의 운동 방정식

정해진 형식을 가지는 운동 방정식

등속 원운동에서는 가속도가 $a = \dfrac{v^2}{r}$ 또는 $a = r\omega^2$이 되는 과정을 유도했습니다.

'정해진 궤도로만 움직인다'라는 제약이 강한 원운동에서는 가속도도 한정됩니다. 따라서 운동 방정식도 정해진 형식을 가집니다.

원운동을 하는 경우, 작용하는 힘 F는 중심 방향인 '구심력'이 되고 발생하는 가속도 a도 중심 방향인 '구심 가속도'가 되므로, 이때의 운동 방정식을 '구심 운동 방정식'이라고 합니다.

| 그림 1-42 | 구심 운동 방정식의 계산 |

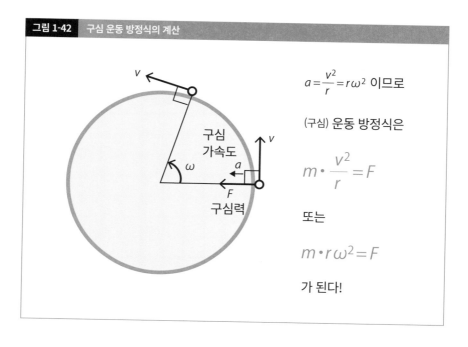

$a = \dfrac{v^2}{r} = r\omega^2$ 이므로

(구심) 운동 방정식은

$$m \cdot \dfrac{v^2}{r} = F$$

또는

$$m \cdot r\omega^2 = F$$

가 된다!

'구심력'과 '원심력'은 다른 힘

'원심력'은 '관성력'

원운동을 다룰 때, '원심력'이라는 단어를 많이 씁니다. 일반적으로는 '구심력'이라는 단어보다도 '원심력'을 흔히 듣습니다.

원심력을 다룰 때는 주의할 점이 있습니다. 바로 **원심력은 '빙빙 돌고 있는 사람'에게만 느껴지는 힘**이라는 점입니다. 즉, **원심력은 '관성력'**입니다.

그림 1-43을 보세요.

물체와 함께 돌고 있는 사람은 '자신이 타고 있는 물체는 계속 멈추어 있다'고 느낍니다. 즉, '힘이 평형을 이룬다'고 생각합니다. 평형의 식에 들어가 있는 $m\dfrac{v^2}{r}$이나 $mr\omega^2$은 관성력이라고 이해해주세요.

앞에서 나온 '구심 방정식'과 형태는 같지만 식을 말로 설명한 내용은 완전히 다르므로 주의하세요.

그림 1-43 원심력

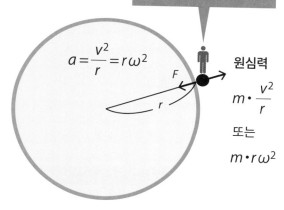

자신이 타고 있는 물체는 정지해 있는 것처럼 보인다. 즉, '힘이 평형을 이룬다'고 느낀다

$$a = \frac{v^2}{r} = r\omega^2$$

F

r

원심력

$$m \cdot \frac{v^2}{r}$$

또는

$$m \cdot r\omega^2$$

따라서

$$F = m\frac{v^2}{r}$$

힘의 평형 식

반드시 단진동이 되는 가속도의 형태

단진동은 '단순한 진동'

지금부터 역학의 중요한 현상인 '단진동'에 대해 알아보겠습니다.

단진동은 규칙적으로 왔다 갔다 하는 현상입니다. 알기 쉬운 예로 말하면 '용수철에 달린 공의 운동'이나 진자 시계의 '단진자' 등입니다.

단진동은 진동 중에서 가장 간단하고 단순합니다. 단순한 진동이므로 '단진동'이라고 하지요.

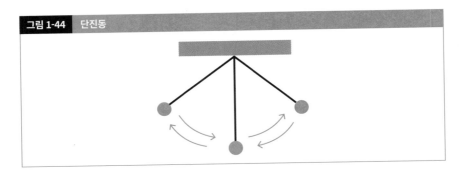

그림 1-44　단진동

등속 원운동의 '정사영'

'단진동'의 정의를 알아봅시다. 정의는 다음과 같습니다.

단진동 = 등속 원운동을 같은 평면 안에 있는 직선 위에 정사영한 왕복 운동

그림 1-45를 보세요. 반지름이 A, 각속도가 ω인 등속 원운동이 그려져 있습니다.

만약 원운동의 오른쪽 옆에 스크린을, 왼쪽 옆에 조명을 두고, 등속 원운동하는 물체의 그림자를 스크린 위에 비추면, 그림자는 어떤 운동을 할까요? 그림자는 스크린 위를 세로로 왔다 갔다 합니다. 이것이 '단진동'입니다. 이때 A를 '진폭'이라고 합니다. 참고로 빛을 비추어 그림자의 움직임을 보려고 하는 행위를 '정사영한다'고 표현합니다. 결국 '등속 원운동의 그림자'가 '단진동'이 되지요.

① 위치의 변화(변위)

등속 원운동의 정사영을 생각해봅시다. 우선 '처음' 위치에 물체가 있다고 합시다. 여기부터 등속 원운동이 시작되고, t초 후에 '지금'의 위치까지 움직입니다. x축이라는 이름의 스크린에는 아래 그림과 같이 그림자의 움직임이 보입니다. '처음' 위치의 그림자를 x_0, '지금'의 위치는 x라고 합니다.

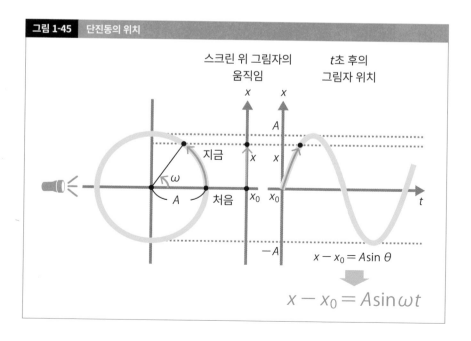

그림 1-45 단진동의 위치

스크린 위 그림자의 움직임

t초 후의 그림자 위치

$x - x_0 = A\sin\theta$

$$x - x_0 = A\sin\omega t$$

이 그림자는 시간에 따라 x축을 왔다 갔다 합니다.

이 시간 변화를 따라가 보면 그림자는 x_0에서 먼저 위로 가서 반지름인(진폭) A까지 갔다가 내려가기 시작합니다. x_0을 지나서 이번에는 $-A$까지 내려가면 다시 올라가는 진동을 보입니다. 이것은 삼각 함수의 sin의 그래프입니다. 그러므로 처음 위치 x_0부터 그림자의 위치 변화를 표현하는 식은 $x-x_0=A\sin\theta$가 됩니다.

여기서 θ는 ωt로 바꾸어 쓸 수 있으므로 최종적으로는 $x-x_0=A\sin\omega t$가 됩니다(ω는 1초 동안 나아가는 각도이므로 t초 동안 나아가는 각도를 구하려면 t배 하면 됩니다).

② 속도

다음은 속도에 대해 살펴보겠습니다. 물체는 원의 접선 방향으로 속도 v를 가집니다. 반지름이 A, 각속도가 ω이므로 $v=A\omega$가 됩니다. 그러면 단진동의 속도도 아래 그림처럼 등속 원운동 속도의 정사영으로 보입니다.

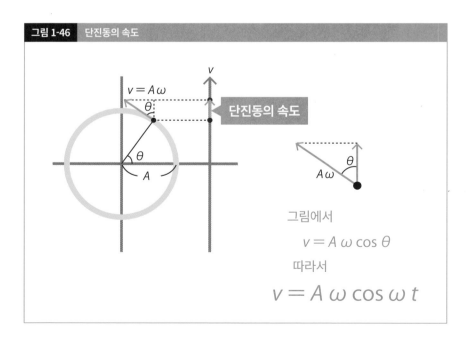

그림 1-46 단진동의 속도

$v=A\omega$

단진동의 속도

그림에서

$v = A\,\omega\cos\theta$

따라서

$$v = A\,\omega\cos\omega t$$

③ 가속도

속도와 마찬가지로 가속도도, 등속 원운동의 가속도의 정사영이 됩니다.

앞에서 말한 대로 등속 원운동의 가속도는 항상 중심 방향을 향합니다. 따라서 그 정사영은 아래 그림과 같이 생각하면 됩니다. 방향도 고려해 ㅡ(마이너스)를 붙입니다.

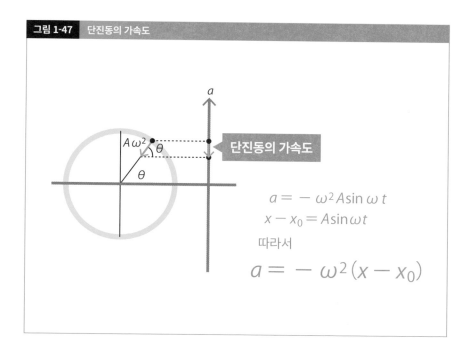

그림 1-47 단진동의 가속도

단진동의 가속도

$$a = -\omega^2 A \sin \omega t$$
$$x - x_0 = A \sin \omega t$$

따라서

$$a = -\omega^2 (x - x_0)$$

이 식에 앞에 말한 변위의 식이 들어가 있습니다.

이상에서 가속도를 수식으로 표현할 때의 최종 표현은 $a = -\omega^2(x - x_0)$이 됩니다. 이 식이 단진동 현상에서 가장 중요합니다.

등속 원운동에서도 말한 것처럼 '규칙에 맞는 움직임'을 하기 위해서는 가속도에 조건이 붙습니다. 항상 원하는 형태가 되지는 않습니다. 가속도가 $a = -\,\bullet\,(x - \blacksquare)$의 형태가 될 때는 그 물체는 100% 단진동 운동이 됩니다.

단진동의 대표적인 예
수평 용수철 진자

단진동의 대표 예

'단진동'의 대표 예로 '수평 용수철 진자'를 알아봅시다.

아래 그림과 같이 용수철이 벽에 붙어 있고 다른 끝에 물체가 붙어 있습니다. 물체를 자연 길이에서 x만큼 늘인 상태에서 가만히 손을 놓으면 어떻게 운동할까요?

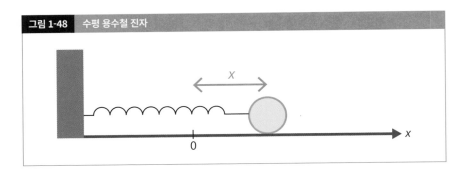

그림 1-48 수평 용수철 진자

물체에 작용하는 수평 방향 힘은 훅의 법칙에서 자연 길이로 돌아가는 방향으로 크기 kx였습니다(용수철 상수를 k라고 합니다). 그러면 이 물체의 운동 방정식은 그림 1-49에서처럼 세웁니다.

이상에서 물체에 발생하는 가속도는 다음과 같습니다.

$$a = -\frac{k}{m}x$$

이것은 $a = -\omega^2(x-x_0)$, 즉 $a = -\bullet(x-\blacksquare)$이라는 단진동의 가속도의 형식과 같습니다.

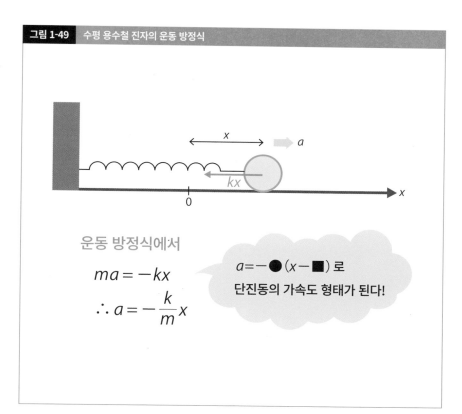

그림 1-49 수평 용수철 진자의 운동 방정식

운동 방정식에서

$$ma = -kx$$

$$\therefore a = -\frac{k}{m}x$$

$a = -\,●\,(x - ■)$ 로
단진동의 가속도 형태가 된다!

이때 각속도 ω는 $\omega = \sqrt{\dfrac{k}{m}}$가 되고, $x_0=0$이 됩니다. $x_0=0$이면 늘어남이 0, 즉 자연 길이의 위치가 진동의 중심이 되는 운동입니다.

이때 진동의 주기 T는 어떨까요?

앞에서 등속 원운동의 주기 $T = \dfrac{2\pi}{\omega}$라는 식을 소개했습니다. 여기서 $\omega = \sqrt{\dfrac{k}{m}}$이므로, $T = 2\pi\sqrt{\dfrac{m}{k}}$으로 표현합니다.

질량을 가진 물체 사이에는 반드시 인력이 작용한다

뉴턴의 중력 이론

뉴턴 이전의 사람들은 지상의 세계와 천상의 세계는 완전히 다르며, 그 경계는 달이라고 믿었습니다. 그러나 **뉴턴은 지구 위의 운동이든 우주에 있는 별의 운동이든 모두 같은 물리 법칙으로 설명할 수 있다고 생각했습니다.**

'등속 원운동' 부분에서 조금 소개했는데, 뉴턴은 '왜 달은 떨어지지 않는가?'라는 의문에서 시작해 달과 지구가 서로 당기고 있음을 발견했습니다. 그리고 **서로 작용하는 인력은 '달과 지구'에 뿐만 아니라 이 세상에 있는 모든 물체에 작용하는 힘이라고 생각해 '만물에 있는 인력'이라는 의미로 '만유인력'이라고 이름 붙였습니다.**

뉴턴은 만유인력을 다음의 식으로 표현했습니다.

$$F = G \frac{Mm}{R^2}$$

이것을 '**만유인력의 법칙**'이라고 합니다. 만유인력은 두 물체의 질량의 곱에 비례하고 거리 R의 제곱에 반비례합니다. 그리고 비례 상수를 G(만유인력 상수나 중력 상수라고 합니다)라고 합니다.

이런 식으로 표현할 수 있는 힘이 정말 존재한다고 생각하면 다양한 현상을 제대로 설명할 수 있습니다. '공식' 중에는 유도하지 못하는 것도 있습니다. 운동 방정식이 그 가장 좋은 예입니다.

뉴턴은 자신이 생각한 이론을 수학적으로 표현했을 뿐입니다. 만유인력은 질량을 가지는 물체 사이에는 반드시 존재합니다. 지금 이 책을 읽는 여러분에게도 만유인력은 작용하고 있습니다. 그러나 만유인력을 느끼지는 못합니다. 왜냐하면 만유인력 상수 G가 6.67×10^{-11} [Nm^2/kg^2]로 매우 작기 때문입니다. 만유인력이라는 힘을 인간이 실감하려면 적어도 한쪽 물체가 천체 수준의 질량을 가져야 합니다.

평소 생활에서 느낄 수 있는 만유인력은 지구와 사이에 작용하는 만유인력, 즉 '중력'뿐입니다. '중력'과 '만유인력'은 근사적으로 같다고 보아도 문제가 없습니다.

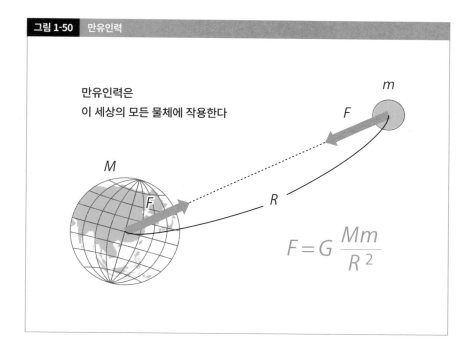

그림 1-50 만유인력

만유인력은
이 세상의 모든 물체에 작용한다

$$F = G \frac{Mm}{R^2}$$

중력 가속도 g의 정체

지구상에 존재하는 물체에 작용하는 만유인력을 살펴봅시다.

앞에서 말한 대로, 물체에 작용하는 만유인력은 $F = G \frac{Mm}{R^2}$입니다. 여기서 질량 m 외의 부분에 주목해보세요. G는 만유인력 상수, M과 R은 지구의 질량과 지구의 중심에서의 거리로 실질적으로 상수로 생각해도 됩니다. 따라서 $G\dfrac{Mm}{R^2}$의 부분은 하나의 상수로 보아도 좋습니다. 우리는 이것을 일반적으로 중력 가속도 g라고 부릅니다.

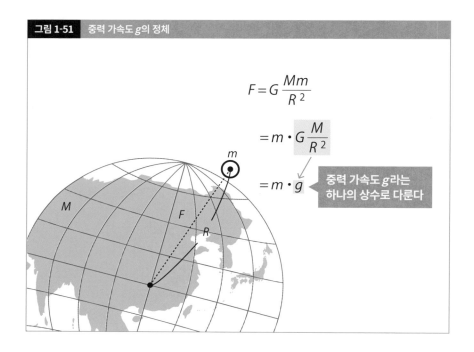

그림 1-51 중력 가속도 g의 정체

$$F = G\,\frac{Mm}{R^2}$$

$$= m \cdot G\,\frac{M}{R^2}$$

$$= m \cdot g$$

중력 가속도 g라는 하나의 상수로 다룬다

그러므로 지구상에 존재하는 물체에 작용하는 중력을 mg라고 쓰기로 했습니다.

지구의 질량

중력 가속도 g의 정체가 $g=G\dfrac{M}{R^2}$임을 이해하면 지구의 질량을 대략적으로라도 구할 수 있습니다. 물론, 지구를 저울에 올리기는 불가능하므로 $g=G\dfrac{M}{R^2}$이라는 식 중에서 지구의 질량 M 이외의 값을 알면 역산으로 구할 수 있습니다.

먼저 중력 가속도 g는 대략 $g=9.8[\mathrm{m/s^2}]$입니다. 또 만유인력 상수는 앞에서 말한 대로 $G=6.67\times10^{-11}[\mathrm{Nm^2/kg^2}]$, 지구의 반지름은 약 6400km, 즉 $6.4\times10^6\mathrm{m}$라고 실험과 측량을 통해 알려져 있습니다. 매우 정확한 값까지 알고 싶은 것은 아니므로 어림으로 g는 10, G는

7×10^{-11}, R은 6×10^6으로 계산해봅시다.

계산은 다음과 같습니다.

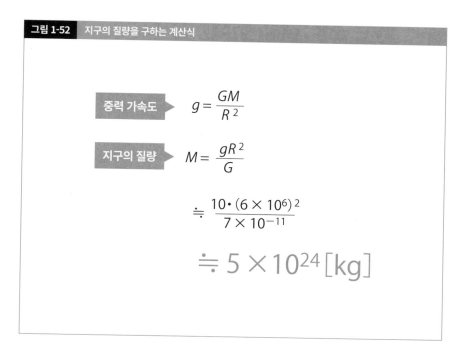

그림 1-52 지구의 질량을 구하는 계산식

중력 가속도 ▶ $g = \dfrac{GM}{R^2}$

지구의 질량 ▶ $M = \dfrac{gR^2}{G}$

$$\doteqdot \frac{10 \cdot (6 \times 10^6)^2}{7 \times 10^{-11}}$$

$$\doteqdot 5 \times 10^{24} \, [\text{kg}]$$

이렇게 계산하면 지구의 질량은 5×10^{24}[kg]이라는 엄청난 값입니다.

정확히는 5.97×10^{24}[kg]인데, 꽤 비슷하지요.

만유인력의 위치 에너지를 구하는 방법

만유인력도 '보존력'

앞에서 말한 대로 중력 mg는 위치 에너지 mgh를 정의할 수 있습니다. 만유인력도 위치 에너지를 정의할 수 있지만, 힘이 일정하지 않으므로 유도하는 데는 수 II 레벨의 적분이 필요합니다. 지구상에 질량 m인 물체가 존재할 때, mg가 일정하면 h만큼 떨어졌을 때의 일은 $mg \times h$이고 mgh로 위치 에너지를 정의하지만, 만유인력은 그렇게 할 수 없습니다. 여기서는 증명까지만 싣습니다. 어렵다면 증명은 넘어가도 좋습니다. 만유인력의 위치 에너지가 $U = -G\dfrac{Mm}{R}$이 된다는 점만 머릿속에 넣어두세요.

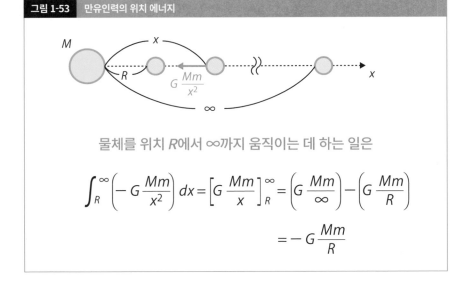

그림 1-53   만유인력의 위치 에너지

물체를 위치 R에서 ∞까지 움직이는 데 하는 일은

$$\int_R^\infty \left(-G\frac{Mm}{x^2} \right) dx = \left[G\frac{Mm}{x} \right]_R^\infty = \left(G\frac{Mm}{\infty} \right) - \left(G\frac{Mm}{R} \right)$$

$$= -G\frac{Mm}{R}$$

지구를 한 바퀴 돌 수 있는 공의 속도는?

지구 표면을 스치듯이 일주할 수 있는 속도 = '제1 우주 속도'

공을 수평으로 던지면 언젠가 지면에 떨어집니다. 아무리 강속구를 던지는 투수의 공이라도 언젠가는 지면에 착지하지요. 하지만 지구는 동그란 구의 모양을 하고 있습니다. 그렇다면 특정 속도로 공을 던졌을 때 지면에 떨어지지 않고 지구를 한 바퀴 돌아 원래의 장소에 돌아오는 일이 일어날지도 모르겠습니다.

이때의 물체의 속도를 '제1 우주 속도'라고 합니다.

그림 1-54 제1 우주 속도의 발상

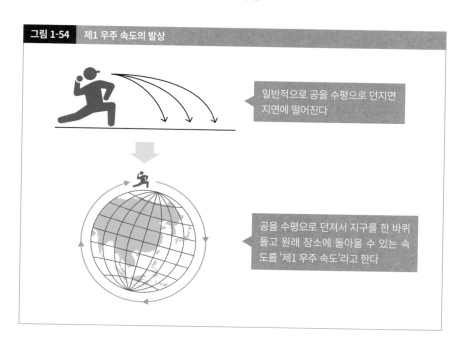

일반적으로 공을 수평으로 던지면 지면에 떨어진다

공을 수평으로 던져서 지구를 한 바퀴 돌고 원래 장소에 돌아올 수 있는 속도를 '제1 우주 속도'라고 한다

공이 지구를 한 바퀴 돌려면 어느 정도의 속도가 필요할까요? 아래 그림을 봐주세요.

그림 1-55 제1 우주 속도를 구하는 방법

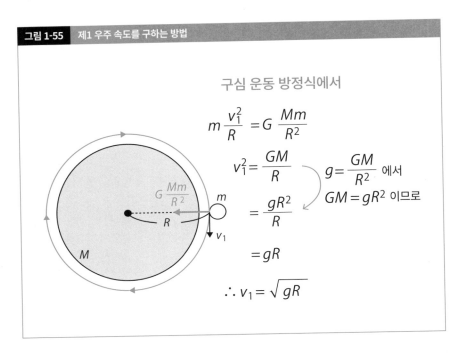

구심 운동 방정식에서

$$m \frac{v_1^2}{R} = G \frac{Mm}{R^2}$$

$$v_1^2 = \frac{GM}{R}$$

$$= \frac{gR^2}{R}$$

$$= gR$$

$$\therefore v_1 = \sqrt{gR}$$

$g = \dfrac{GM}{R^2}$ 에서

$GM = gR^2$ 이므로

이상의 계산 결과에서 제1 우주 속도 v_1은 $v_1 = 7.9 \times 10^3$[m/s], 바꾸어 말하면 시속 2만 8천 킬로미터의 속도입니다.

물론, 이런 빠르기로 공을 던질 사람은 없으므로 사람이 던진 공은 반드시 몇 초 정도 만에 땅에 떨어집니다. 참고로 이 제1 우주 속도라는 개념은 정지 위성의 개발로 이어집니다.

지구에서 탈출하는 속도 = '제2 우주 속도'

수직 위로 공을 던지면 언젠가 떨어집니다. 던져올릴 때 속도가 빠를수록 던진 공의 높이의 최고점은 높아집니다. 공을 엄청나게 빠르게 던지면 지구에서 우주 공간으로 날아가 우주 멀리 다른 곳까지 날아갈지도 모릅니다.

이렇게 지구의 중력권 내에서 탈출하는 속도를 '제2 우주 속도' 또는 '탈출 속도'라고 합니다. '제2 우주 속도'는 아래 그림과 같이 지구에서 튀어 나가 무한히 멀리 날아갔을 때의 에너지 보존 법칙에서 구할 수 있습니다.

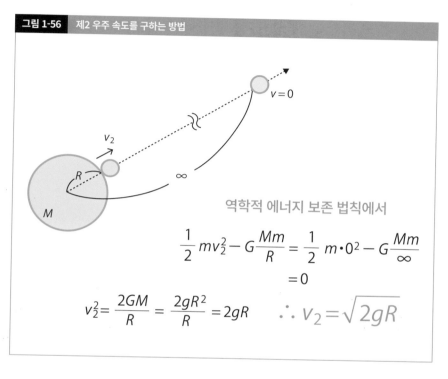

그림 1-56 제2 우주 속도를 구하는 방법

역학적 에너지 보존 법칙에서

$$\frac{1}{2}mv_2^2 - G\frac{Mm}{R} = \frac{1}{2}m \cdot 0^2 - G\frac{Mm}{\infty}$$
$$= 0$$

$$v_2^2 = \frac{2GM}{R} = \frac{2gR^2}{R} = 2gR \qquad \therefore v_2 = \sqrt{2gR}$$

이렇게 '제2 우주 속도 v_2'는 $v_2 = \sqrt{2gR}$ 이 됩니다. '제1 우주 속도'의 $\sqrt{2}$배이지요. 물론 '제2 우주 속도' 역시 사람의 손으로 던지기는 불가능한 속도입니다.

참고로 이 '제2 우주 속도'가 스페이스 셔틀 같은 우주선이 지구를 벗어날 때의 속도에 관한 이야기로 이어집니다.

슈바르츠실트 반지름

'제2 우주 속도' 이상으로 공을 던져 올리면 그 천체의 중력권에서 탈출할 수 있는데, 만약 '제2 우주 속도'가 광속보다 빠른 천체가 있다면 어떨까요?

광속이란 그 이름대로 빛의 빠르기를 말하는데, 그 값은 흔히 c로 표현하고 일반적으로 공기 중에서는 대략 $c = 3.0 \times 10^8 [m/s]$입니다. 핵심은 **'빛의 속도보다 빠르게 움직이는 물체는 없다'라는 사실입니다. 현대 물리학에서는 '빛의 속도보다 빠르게 움직이는 물체는 없다'를 사실로 받아들이고 있습니다.**

만약 '제2 우주 속도'가 계산상 광속보다 빠른 천체가 있어 그 별에 한 번 끌려 들어가게 된다면, 다시는 탈출하지 못합니다. 만약, 그런 천체가 정말로 있다고 한다면 그 별의 반지름의 값은 얼마가 될지 궁금해한 과학자가 있었습니다. 독일의 천문학자, **칼 슈바르츠실트**입니다. 그는 다음 그림에 나와 있는 계산으로 반지름을 구했습니다. 이때 반지름을 '**슈바르츠실트 (Schwarzschild) 반지름**'이라고 합니다.

그림 1-57 슈바르츠실트 반지름

제2 우주 속도(탈출 속도)가 빛의 속도보다 빠를 때

$$\sqrt{2gR} \geqq c$$

즉

$$\sqrt{\frac{2GM}{R}} \geqq c$$

따라서

$$R \leqq \frac{2GM}{c^2}$$

이때 $\dfrac{2GM}{c^2} = R_S$ 라고 쓰고, 슈바르츠실트 반지름이라고 한다

위에서처럼 '슈바르츠실트 반지름'은 $R_s = \dfrac{2GM}{c^2}$로 표현합니다. 즉, 질량 M인 별이 있을 때, 이 별의 반지름이 $\dfrac{2GM}{c^2}$가 되면 누구도 그 별에서 탈출할 수 없겠지요.

그러면 하나의 고찰로 질량 $M=5 \times 10^{24}$[kg], 즉, 지구와 같은 질량일 경우, 슈바르츠실트 반지름이 얼마가 될지 계산해봅시다.

그림 1-58 슈바르츠실트 반지름 계산

$$M = 5 \times 10^{24}[\text{kg}] \longleftarrow \text{지구의 질량}$$

이라고 하면

$$R_S = \frac{2GM}{c^2}$$

$$= \frac{2(7 \times 10^{-11}) \cdot (5 \times 10^{24})}{(3 \times 10^8)^2}$$

$$\fallingdotseq 8 \times 10^{-3}[\text{m}]$$

$$= 8[\text{mm}]$$

지구 전체의 질량이 반지름이 8×10^{-3}[m], 즉 8[mm]이고 지름이 1.6[cm]인 구체가 되면 아무도 탈출할 수 없습니다. 과연 그런 별이 정말 존재할까요? 지구의 전체 질량이 유리구슬 정도의 크기로 응축된 별은 없겠지요. 가장 첫 단계에서 이 고찰을 한 과학자들도 '그런 별은 없다'라고 미리부터 결론을 내렸습니다. 그런데 오늘날 이런 상태인 별의 존재가 알려졌습니다. 바로 블랙홀입니다. 블랙홀을 우주 공간에 생긴 '구멍'이라는 개념으로 생각하는 사람이 많은데 블랙홀은 '구멍'이 아닙니다. 블랙홀에는 별이 있을 뿐입니다. 다만, 한 번이라도 그 별에 들어가면 누구도, 빛조차도 나올 수 없습니다. 그러므로 밖에서 볼 때 검은 구멍으로 보입니다(정확히 블랙홀은 아인슈타인의 일반 상대성 이론에서 나왔습니다).

천체의 운동에 관한 세 법칙 '케플러의 법칙'

뉴턴 이전의 천체 운동 연구

뉴턴 이전에도 천체의 운동을 연구하던 과학자는 많이 있었습니다. 그중 갈릴레오와 거의 같은 시기에 활약했던 천체 관측자 케플러가 찾아낸 '케플러(Kepler)의 법칙'은 천체 운동을 파악하는 데 매우 중요합니다(오른쪽 페이지 위 참조).

케플러의 세 법칙의 내용은 모두 뉴턴이 구축한 역학 체계에서 증명할 수 있는데, 제1법칙과 제2법칙은 고등학교 수준을 넘어섭니다.

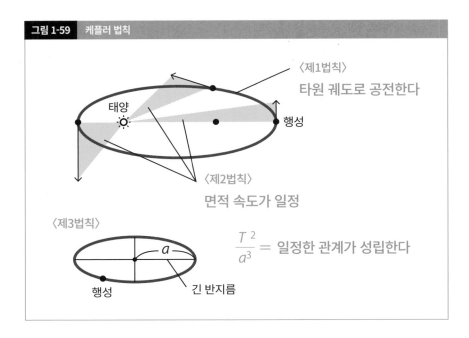

그림 1-59 케플러 법칙

〈제1법칙〉
타원 궤도로 공전한다

태양

행성

〈제2법칙〉
면적 속도가 일정

〈제3법칙〉

행성

긴 반지름

$\dfrac{T^2}{a^3}$ = 일정한 관계가 성립한다

제1법칙 : 행성은 태양을 하나의 초점으로 하는 타원 궤도를 그리며 공전한다

제2법칙 : 행성의 면적 속도는 일정하다

제3법칙 : 행성의 공전주기 T와 타원궤도의 긴 반지름 a 사이에는

$\dfrac{T^2}{a^3}$ = 일정하다는 관계가 성립한다

※ 면적 속도는 그림 1-59에서처럼 어떤 위치에서 속도 벡터와 초점으로 만드는 삼각형의 면적을 말한다.

여기서 제3법칙만 운동의 궤도를 '원운동'으로 한정해 말합니다.

그림 1-60 케플러의 제3법칙의 증명

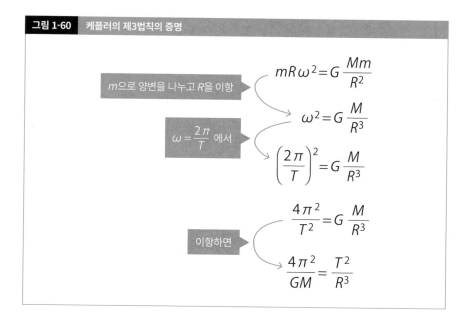

케플러는 유명한 천문학자이자 점성술사였던 튀코 브라헤의 제자입니다. 튀코는 방대한 천체(주로 화성)를 관측해 데이터를 기록했지만, 수학에 탁월하지 못해 이론으로 정리하지 못했는데, 튀코 사후에 케플러가 그 연구 데이터를 넘겨받아 케플러의 법칙을 발견했습니다.

물체를 회전시키려는 작용 '돌림힘'

크기와 질량을 가진 물체 '강체'

지금까지 다룬 운동에서는 '물체의 크기'는 무시했습니다. 모두 '질량은 있지만 크기는 없는

물체'로 가정했지요. 물론 크기가 없으면서 질량을 가진 물체는 현실에 없습니다. 설명을 위해

하나로 모델화한 것이지요. '질량은 가지면서 크기가 없는 물체'를 '질점'이라고 합니다.

그에 반해 **여기서는 '질량과 크기를 모두 고려한 물체'를 다루겠습니다.** 이것을 '강체'라고

합니다. 지금부터 '강체'의 운동에 관해 알아보고자 합니다.

'돌림힘'이란 무엇인가?

아래 그림과 같이 문이 있다고 합시다. 오른쪽에 경첩이 붙어 있습니다. 손잡이는 아직 달지

않았습니다.

그림 1-61   손잡이의 위치

손잡이

이때 손잡이는 어디에 달아야 할까요?

'당연히 왼쪽이지'라고 답하는 사람이 대부분이겠지요. 물론 정답입니다. 하지만 왜 손잡이를 왼쪽에 달까요?

여기서 '돌림힘'이라는 물리량이 등장합니다. 이것은 크기를 가진 '강체'에서 생각해야 합니다. 아래 그림을 볼까요?

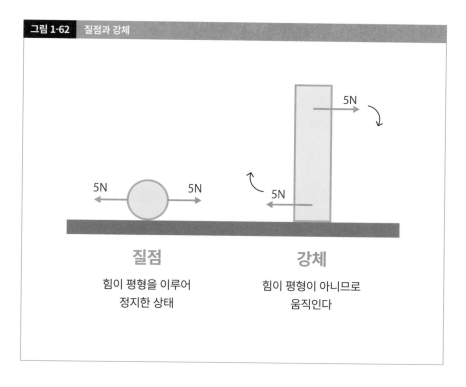

그림 1-62 질점과 강체

질점
힘이 평형을 이루어
정지한 상태

강체
힘이 평형이 아니므로
움직인다

왼쪽이 질점, 오른쪽이 강체입니다. 양쪽 물체에 같은 크기의 힘, 여기서는 5[N]의 힘을 가합니다. 그러면 '질점'에서는 '힘의 평형'이 이루어져 정지 상태가 됩니다.

강체에서는 어떨까요? 당연히 회전하겠지요. 이렇게 강체의 운동을 논할 때는 '회전' 이야기가 부가되어야 합니다.

이렇게 물체를 회전시키는 작용을 돌림힘이라고 합니다.

돌림힘을 결정하는 두 요소

힘과 길이에 주목

돌림힘을 결정하는 요소는 두 가지입니다. 하나는 **'힘의 크기'**입니다. 그리고 나머지 하나는 **'회전축(움직이지 않는 점)에서의 거리'**입니다. **돌림힘은 이 두 가지의 곱으로 구합니다.** 물리학에서는 '회전축에서의 거리'를 '팔의 길이'라고 합니다.

앞에서 등장한 문을 수직 위에서 보면 아래와 같습니다.

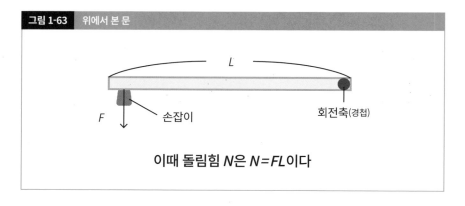

| 그림 1-63 | 위에서 본 문 |

L

F 손잡이

회전축(경첩)

이때 돌림힘 N은 $N=FL$이다

회전축, 즉 움직이지 않는 점은 경첩입니다. 위에서 보면 손잡이를 왼쪽에 달아야 좋은 이유를 이해할 수 있습니다. 가능한 한 약한 힘으로 쉽게 문을 열고 싶을 때, 회전 작용이 있는 '돌림힘'을 크게 할 필요가 있기 때문입니다.

가능한 한 회전축에서 먼 위치에서 힘을 가하면 회전 작용이 커집니다. 그래서 오른쪽 끝에 있는 경첩에서 먼 왼쪽 끝에 손잡이를 설치합니다. '돌림힘'은 흔히 기호 N으로 씁니다.

계산 방법은 두 가지

아래 그림과 같이 강체에 비스듬히 힘이 작용할 때 돌림힘 계산 방법은 두 가지입니다.

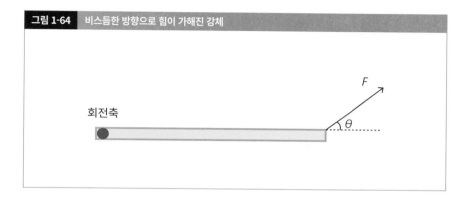

그림 1-64   비스듬한 방향으로 힘이 가해진 강체

① '회전에 관여하는 힘'과 '팔의 길이'의 곱으로 계산

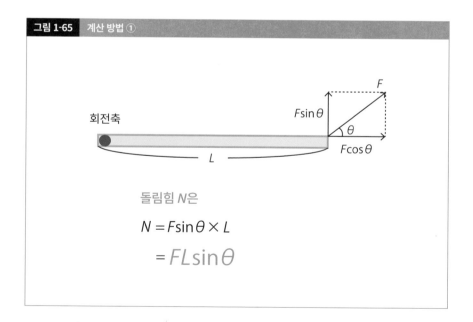

그림 1-65   계산 방법 ①

돌림힘 N은

$$N = F\sin\theta \times L$$
$$= FL\sin\theta$$

가해지는 힘 중에서 회전에 영향을 주는 힘이 '회전에 관여하는 힘'입니다.

그림 1-65에서처럼 힘을 분해한 경우, $F\sin\theta$는 회전에 관여하지만, $F\cos\theta$는 옆으로 당기려고만 할 뿐 회전에 영향을 주지는 않습니다. 따라서 이때의 돌림힘 N은 $N=FL\sin\theta$입니다.

② '힘'과 '회전에 관여하는 팔의 길이'의 곱으로 계산

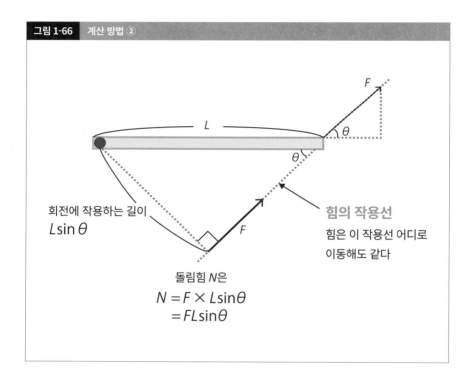

그림 1-66　계산 방법 ②

힘을 분해한 계산 방법 ①과 달리, 계산 방법 ②에서는 길이에 주목합니다. 크기 F인 힘을 가했을 때, 어느 정도 길이가 회전에 관여하는지에 대한 평가가 '회전에 관여하는 팔의 길이'입니다. '회전에 관여하는 팔의 길이'를 구하려면 위 그림처럼 계산하면 됩니다.

즉, '회전에 관여하는 팔의 길이'인 $L\sin\theta$와 힘 F의 곱이 돌림힘 N이 되고, 계산 결과는 마찬가지로 $N=FL\sin\theta$가 됩니다. ①과 같은 결과지요. 어느 방법이든 돌림힘의 결과는 같으므로 선택은 개인의 자유입니다. 게다가 계산 방법 ①과 ②는 함께 정리할 수도 있습니다. 결국 돌림힘은 '힘과 팔의 길이의 직교 성분 간의 곱'이 됩니다.

강체가 정지해 있을 때

이번에는 강체가 정지해 있는 경우의 운동을 생각해보겠습니다. 먼저 강체가 회전하지 않고 정지하려면 돌림힘이 어떻게 되어야 할까요?

돌림힘은 강체를 '회전시키려는 작용'입니다. 회전에는 '시계 방향'과 '반시계 방향'이 있습니다. 지금 강체가 회전하지 않고 정지해 있는 이유는, '시계 방향 돌림힘'과' 반시계 방향 돌림힘'의 계산값이 같기 때문입니다. 즉, 강체가 계속 정지해 있으려면 '돌림힘이 평형을 이룬다'라는 조건이 필요합니다.

아래 그림을 보세요. 크기를 가진 막대인 강체가 벽에 걸쳐져 있고, 정지해 있습니다. 바닥은 거칠고 마찰력이 있습니다. 이때 벽으로부터의 수직 항력 N은 얼마일까요?

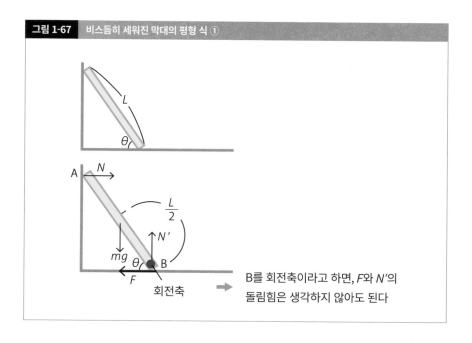

그림 1-67 비스듬히 세워진 막대의 평형 식 ①

B를 회전축이라고 하면, F와 N'의 돌림힘은 생각하지 않아도 된다

한 가지 잊지 말아야 할 점이 있습니다. 돌림힘을 구할 때는 반드시 '회전축'을 고려해야 하는데 가능한 한 **'힘이 집중하는 점'**을 선택해야 좋습니다. 왜냐하면 '회전축'에 작용하는 돌림힘이 0이 되어, 무시할 수 있기 때문입니다. '회전축' 자체에 작용하는 힘이 0인 이유는 '회전축으로부터 팔의 길이'가 0이기 때문이겠지요.

이번에는 까칠까칠한 바닥과 접하는 B점을 회전축으로 생각합니다. 이때 '시계 방향 돌림힘'과 '반시계 방향 돌림힘'을 앞에서 확인한 계산 방법 ②로 계산한 후, '돌림힘의 평형' 식을 세워보면 다음과 같습니다.

그림 1-68 벽에 걸쳐진 막대의 평형 식 ②

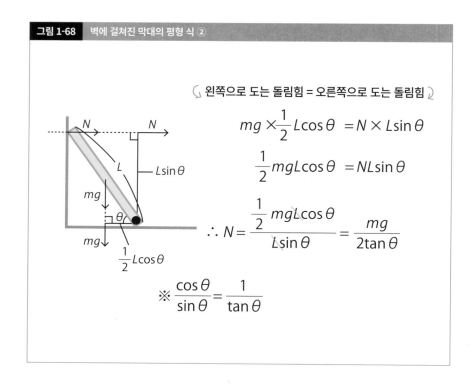

$\curvearrowleft$ 왼쪽으로 도는 돌림힘 = 오른쪽으로 도는 돌림힘 $\curvearrowright$

$$mg \times \frac{1}{2}L\cos\theta = N \times L\sin\theta$$

$$\frac{1}{2}mgL\cos\theta = NL\sin\theta$$

$$\therefore N = \frac{\frac{1}{2}mgL\cos\theta}{L\sin\theta} = \frac{mg}{2\tan\theta}$$

$$※ \frac{\cos\theta}{\sin\theta} = \frac{1}{\tan\theta}$$

세 힘의 작용선은 반드시
한 점에서 교차한다

강체가 정지할 때 세 힘의 관계

강체에 평행하지 않은 세 힘이 작용하면서 동시에 정지해 있을 때 **'세 힘의 작용선(힘의 화살표**

를 연장한 선)은 반드시 한 점에서 교차'합니다.

이유는 매우 단순합니다. 아래 그림을 보세요.

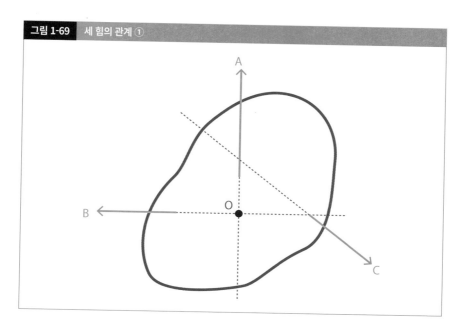

그림 1-69 세 힘의 관계 ①

위 그림처럼 힘 A와 B의 작용선이 한 점(점 O)에서 교차하지만 힘 C의 작용선이 점 O를 통과

하지 않으면 이 강체는 정지할 수 있을까요?

정답은 '안 된다'입니다. 왜냐하면 점 O를 회전축으로 한 경우 A와 B의 돌림힘은 0이 되지만 C의 돌림힘이 생기기 때문입니다.

따라서 '돌림힘의 평형'은 유지되지 않고, 이 강체는 정지하지 않고 회전하게 됩니다.

즉, 정지해 있는 강체에 평행하지 않은 세 힘이 작용하고 있을 때 그 힘의 작용선은 아래 그림처럼 반드시 한 점에서 교차해야 합니다.

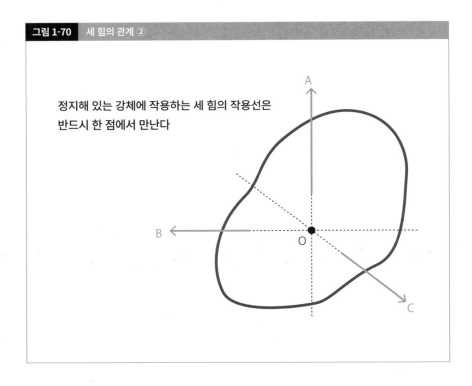

그림 1-70　세 힘의 관계 ②

정지해 있는 강체에 작용하는 세 힘의 작용선은
반드시 한 점에서 만난다

'수학적 무게 중심'과 '물리학적 무게 중심'은 같다

'무게 중심'은 '질량 중심'

역학의 마지막은 '무게 중심'입니다. '무게 중심'이라는 단어는 물리학에 한정되지 않고 일상 생활에서도 의외로 자주 사용합니다.

무게 중심의 과학적인 정의는 다음과 같습니다.

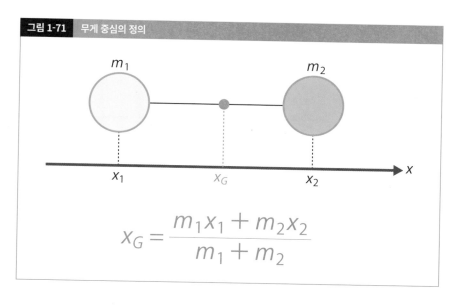

그림 1-71 무게 중심의 정의

$$x_G = \frac{m_1 x_1 + m_2 x_2}{m_1 + m_2}$$

이 식의 의미를 간단하게 말하면 **'질량의 평균 위치'**입니다. 즉, 질량 m_1이 위치 x_1에 집중해서 존재하고, 질량 m_2가 위치 x_2에 집중해서 존재할 때, 만약 전체 질량 $m_1 + m_2$가 집중해 있는 위치 x_G가 있다고 하면 그곳이 무게 중심이 됩니다.

그러면 구체적으로 몇 가지 예를 확인하면서 '무게 중심'의 위치를 살펴봅시다. 먼저 대칭성이 있는 반듯한 모양을 지닌 물체의 무게 중심입니다.

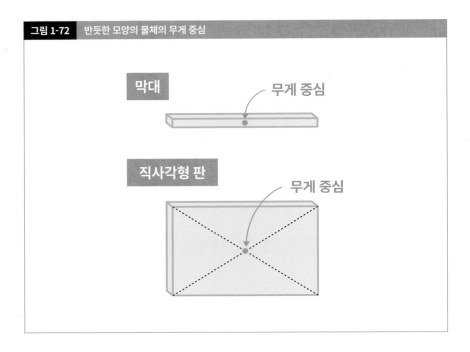

그림 1-72　반듯한 모양의 물체의 무게 중심

위 그림처럼 대칭성이 있는 물체는 '가운데'가 무게 중심이 됩니다. 그러면 아래 그림과 같은 '삼각형 판'은 어떨까요?

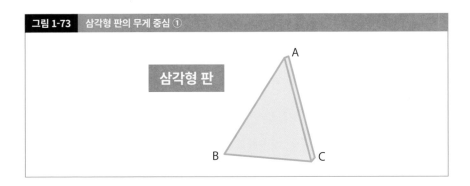

그림 1-73　삼각형 판의 무게 중심 ①

구하는 데 약간 고민이 필요합니다. 먼저 이 '삼각형 판'의 밑변에 가까운 부분을 얇게 자릅니다. 얇게 자른 부분은 앞에서 살펴본 하나의 '막대'라고 생각할 수 있습니다. 이 자른 '막대'의 무게 중심은 '한가운데'가 됩니다. 이것을 계속 반복해서 자르면 마치 뜀틀 같은 모양으로 얇게 자른 막대가 쌓입니다. 각 막대의 무게 중심은 한가운데이므로 정점 A에서 그은 수학에서 말하는 '중선' 위에 '삼각형 판'의 '무게 중심'이 존재한다고 예상합니다.

그림 1-74 삼각형 판의 무게 중심 ②

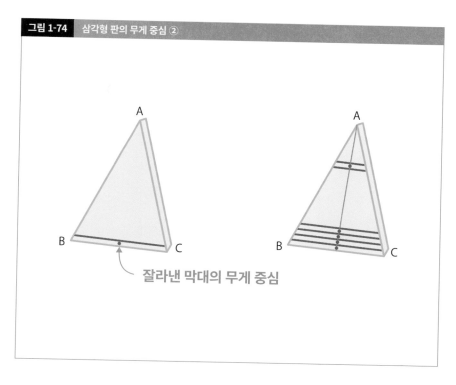

잘라낸 막대의 무게 중심

이번에는 정점 B의 대변 AC를 밑변으로 보고, 변 AC 쪽에서 잘라 무게 중심을 찾습니다(그림 1-75). 그러면 정점 B에서 그은 '중선'이 나타납니다. 즉, 정점 A와 B에서 그은 '중선'이 교차하는 점이 '삼각형 판'의 '무게 중심'이 됩니다.

사실 이것은 수학에서 배우는 '삼각형의 무게 중심'과 완전히 일치합니다. 수학적 '무게 중심'과 물리학적인 '무게 중심'은 같습니다.

그림 1-75　삼각형 판의 무게 중심 ③

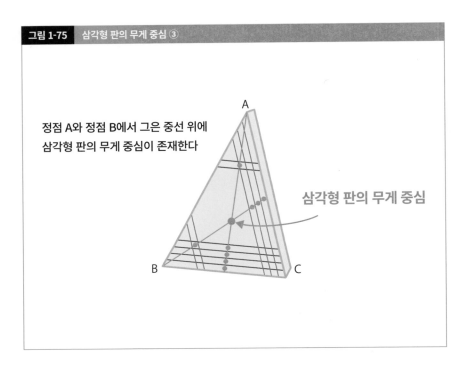

정점 A와 정점 B에서 그은 중선 위에
삼각형 판의 무게 중심이 존재한다

삼각형 판의 무게 중심

이상으로 역학(뉴턴 역학)의 큰 테두리는 모두 설명했습니다.

다음 장부터는 열역학에 대해 알아보겠습니다.

제 2 장

열역학

열 현상을 '역학적'으로 접근한 열역학

열 현상은 '입자의 움직임'인가?

뉴턴 역학의 영향을 받아 **열 현상을 역학의 언어로 해설한 학문이 이번 장에서 다룰 '열역학' 분야**입니다. 이 장에서는 먼저 우리가 일상생활에서 자주 사용하는 '열'과 '온도'라는 단어를 '역학적'으로 이해하는 일부터 시작합니다.

역학적으로 생각하면 '열'의 정체는 바로 에너지입니다. '온도'는 [K]라는 단위를 사용하고 '절대 온도 T'로 표현합니다. 어떤 물질 1[g]의 온도를 1[K] 상승시키는 데 필요한 열량을 '비열', 어떤 물체의 온도를 1[K] 상승시키는 데 필요한 열량을 '열용량'이라고 합니다.

열과 온도를 역학적으로 이해하고 나면 열 현상에 대해 살펴보겠습니다. 고체나 액체는 분자 간의 결합이 매우 복잡하기 때문에 **분자가 완전히 자유롭게 움직이고, 기체 분자의 크기를 무시할 수 있는 '이상 기체'**라는 개념을 사용해 기체의 열 현상을 해설합니다.

그다음은 기체의 변화에 대해 알아봅니다. 열의 정체는 에너지이므로 에너지의 변환에 주목해 생각합니다.

마지막으로 '압력'이라는 현상에 대해서는 미시 입자(기체 분자)의 운동을 고려하는 '기체 분자 운동론'을 해설합니다.

여기까지가 열역학의 큰 테두리입니다. 다음 페이지에서 바로 열과 온도에 대해 '역학적'으로 살펴보겠습니다.

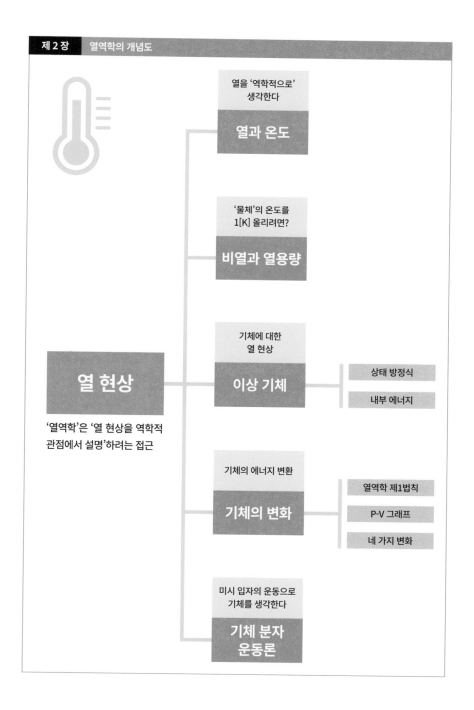

'뉴턴 역학'과 '확률 통계론'의 융합

열역학 = 초다입자계 역학

'열역학'은 '무엇을 데운다, 식힌다. 무엇을 압축한다, 팽창시킨다'와 같은 열 현상을 다루는 분야입니다.

원래, 열 현상과 역학 현상은 별개의 학문 분야였습니다. 그러나 **17세기 이후 뉴턴 역학의 세계관이 주류가 되자 열 현상도 '어떤 입자의 움직임'으로 기술되어야 한다고 주장하는 과학자가 늘기 시작했습니다.**

즉, **'열 현상을 역학적 관점에서 설명'하려는 시도가 '열역학'이라는 분야입니다.** 열 현상을 역학의 틀에서 모두 모순 없이 설명할 수 있으면 '역학' 분야로 분류하면 됩니다.

그러나 '역학'과 '열역학'은 구분되어 있습니다. 그럴만한 이유가 분명히 있습니다.

열 현상에서는 기체나 액체를 따뜻하게 하거나 식히는 현상을 다룹니다. 기체와 액체를 구성하는 입자는 '원자와 분자'입니다. '원자와 분자'의 수는 어느 정도나 될까요?

사람이 기체나 액체를 관찰할 때, 그 기체 또는 액체를 구성하는 '원자와 분자'의 개수는 대략 10^{23}개 이상 되어야 거시적으로 보입니다(거시적[매크로]이란 쉽게 말해, 사람의 눈으로 보이는 정도의 현상을 뜻합니다. 반의어는 미시적[마이크로]입니다. 이는 사람의 눈으로는 볼 수 없는 수준의 현상을 말할 때 자주 사용됩니다). 다시 말하면 10^{23}개 정도로 많은 수의 '원자·분자'가 서로 얽혀야 기체나 액체가 존재한다는 말입니다. 그래서 '열역학'을 **'대량의 입자가 움직여 일어나는 역학 현상'**이라는 의미로 '초다입자계 역학'이라고 부르기도 합니다.

아무리 운동 방정식에 따라 운동이 결정되는 뉴턴 역학의 세계관이 옳다고 해도 현실적으로

10^{23}개나 되는 '원자·분자'의 운동 방정식을 세우고 풀기는 불가능합니다.

그러나 운동 방정식을 풀지 못해도 우리가 열 현상에 대해 알고 있는 사실은 의외로 많습니다. 예를 들면, 뜨거운 물에 차가운 얼음을 넣으면 반드시 얼음이 녹아 중간 정도의 온도가 됩니다. 뜨거운 물이 더 끓어오르거나, 얼음이 더 차가워지는 현상은 본 적이 없습니다. 또 블랙커피에 우유를 넣으면 반드시 카페라테처럼 섞이겠지요. 그 카페라테를 가만히 지켜보며 기다려봐도 다시 블랙커피와 우유로 분리되지는 않습니다.

이런 현상은 수많은 입자가 움직이면서 생깁니다. 입자 하나하나의 운동은 알 수 없지만, 현실에서는 전체적으로 일어날 일을 예상할 수 있습니다. 왜 그럴까요? 바로 '확률' 덕분입니다.

'뜨거운 물과 얼음을 함께 두면 얼음이 녹아 중간 정도의 온도가 되는 이유'는 그렇게 될 확률이 100%에 가깝기 때문입니다. '블랙커피와 우유를 섞으면 카페라테처럼 되는 이유'도 그렇게 될 확률이 실제로 100%이기 때문입니다.

즉, **대량의 입자가 움직이는 현상은, 대량이라는 이유 때문에 개별 입자의 움직임은 알기 어렵지만, 전체로 볼 때는 어떤 규칙이 있습니다.** 예를 들어, 6000조 개의 주사위를 던질 때, 어느 주사위에서 '1'이 나올지 정확하게 예언하기는 어렵지만, 전체로 볼 때 1~6이 대략 1000조 개씩 나오리라 예측할 수 있습니다.

본격적으로 시작하기에 앞서, **열역학은 '뉴턴 역학'과 '확률 통계론'을 융합한 분야**라는 관점을 기억해주세요.

역학적인 온도 '절대 온도'

'열'과 '온도'는 임의의 단어

'열'과 '온도'라는 용어는 일상생활에서도 흔히 사용합니다. 하지만 평소에 자주 쓰는 친숙한

단어이기 때문에 더욱 잘 알고 있다는 느낌이 들기 쉽습니다. 하지만 과학에서는 단어의 올바

른 정의를 정확하게 이해하는 일이 중요합니다.

'나의 평열은 36.6℃다'라는 표현이 있는데, 이 표현은 열과 온도를 혼동하는 대표적인 예입

니다.

도대체 '열과 온도'라는 단어는 뭐가 다를까요?

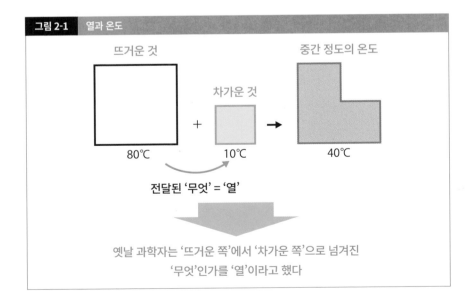

그림 2-1 열과 온도

뜨거운 것

중간 정도의 온도

차가운 것

80℃   +   10℃   →   40℃

전달된 '무엇' = '열'

옛날 과학자는 '뜨거운 쪽'에서 '차가운 쪽'으로 넘겨진
'무엇'인가를 '열'이라고 했다

저 역시 중학생 시절까지 열과 온도를 비슷하다고 인식했습니다. 뉴턴 역학이 성립되기 이전의 과학자들도 열과 온도 차이를 이해하지 못했습니다.

옛날부터 뜨거운 것(온도가 높다는 의미)과 차가운 것(온도가 낮다는 의미)을 붙이면 중간 정도의 온도가 된다는 현상은 잘 알려져 있었습니다. 이때 사람들은 뜨거운 것에서 차가운 것으로 '무엇인가'가 전달되었다고 생각했고 그 '무엇인가'를 '열'이라고 불렀습니다.

일단, 현상을 설명하기 위해 '열'과 '온도'라는 단어를 만들었지요.

절대 온도

일상생활에서 자주 쓰는 '온도'는 '셀시우스 온도(섭씨)'지요.

물이 끓는 온도는 100°C이고 어는 온도는 0°C입니다. 초등학생 시절 저는 '자연계에는 이렇게 명확한 관계가 있을까!'라고 몹시 감탄했던 기억이 있습니다. 하지만 실제로는 '물의 끓는 온도를 100°C, 어는 온도를 0°C라고 하고, 그 사이를 100등분 하자'라고 옛날 과학자들이 설계한 결과일 뿐입니다. 물은 사람에게 가장 친숙한 물질이므로 다루기 쉽게 만든 설정에 지나지 않습니다. 즉, 그다지 과학적이지 않다는 말입니다.

그래서 섭씨 대신 역학적인 '온도'인 '절대 온도 T'가 등장했습니다.

절대 온도 T의 정의

$$\frac{1}{2}m\overline{v^2} = \frac{3}{2}k_B T$$

'절대 온도'는 섭씨(°C)가 만들어지고 100년 정도 지난 후에 정의된 온도입니다. 단위는 [K(켈빈)]입니다. 우선 이 식을 온도의 정의 식이라고 기억해두세요(나중에 기체 분자 운동론에서 증명합니다).

이 식의 좌변은 본 기억이 있지 않나요? 맞습니다. 바로 운동 에너지입니다. $\overline{v^2}$의 위에 붙어 있는 ‾(바)는 '평균'을 의미합니다.

즉, **온도란 '구성 분자의 평균 운동 에너지'로 생각**하면 됩니다. 결국, **온도는 '운동 에너지'**입니다. 이 식에서 k_B는 열 현상을 입자의 통계적 움직임에서 생각해야 한다고 주장한 **루트비히 볼츠만**의 이름을 따서 볼츠만 상수라고 합니다.

$$k_B = 1.38 \times 10^{-23}\,[\,\text{J/K}\,]$$

뜨거운 것은 구성하는 분자가 격렬히 움직인다, 즉 운동 에너지가 크다는 말입니다. 반대로 **차가운 것은 구성하는 분자의 운동이 둔하다, 즉 운동 에너지가 작다**는 말입니다.

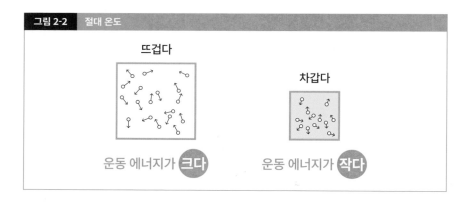

그림 2-2 절대 온도

뜨겁다

차갑다

운동 에너지가 **크다**

운동 에너지가 **작다**

절대 온도로 계측할 때, 0[K] 이하는 존재하지 않습니다.

분자의 운동 에너지를 기준으로 하기 때문에 운동 에너지가 0일 때, 즉 전혀 움직이지 않을 때 절대 온도는 0[K]입니다. 이것을 절대 영도라고 합니다. 참고로 절대 영도를 섭씨로 재면 –273℃가 됩니다. 즉, **이 세상에 –273℃보다 낮은 온도는 존재하지 않는다**는 말입니다.

'열'의 정체

이렇게 운동 에너지(의 평균)를 '온도'라고 생각하면 '열'의 정체가 보입니다.

앞에서 말했던 뜨거운 것과 차가운 것을 붙인다는 이야기로 돌아가봅시다. 운동 에너지가 큰 물체와 운동 에너지가 작은 물체를 접촉하게 하면 어떤 일이 벌어질까요? 움직임이 격렬한 분자와 움직임이 둔한 분자가 부딪치면, 격렬하게 움직이던 분자에서 둔하게 움직이던 분자로 에너지가 이동해 전달됩니다. 그래서 결국 움직임이 서서히 줄어들고 서로 운동 에너지가 균일화되어 중간 정도의 온도가 됩니다. 이때 뜨거운 쪽에서 차가운 쪽으로 이동한 것은 **'에너지'**입니다. 이것이 '열'의 정체입니다.

예전에 **사람들이 '열'이라고 부르던 것은 단지 '이동하는 에너지'에 불과하다는 사실이 판명되었습니다.**

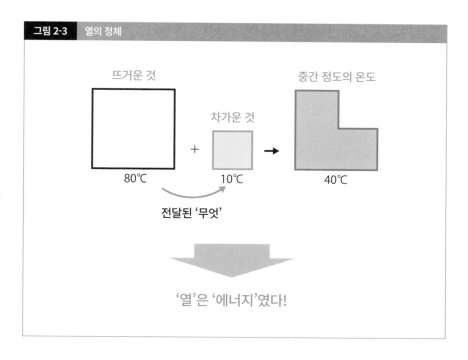

과거에는 열을 열소라는 '입자'라고 생각했습니다. 열소는 영어로 caloric입니다. 지금도 [cal]이라는 단위로 이름은 남아 있지만, 열의 정체는 '에너지'라고 보며, 열소라는 입자가 있다고 보지는 않지요.

'물체'의 온도를 1[K] 올리는 데 필요한 열량

비열

이제 '비열'과 '열용량'이라는 두 물리량을 알아보겠습니다. 먼저 '비열'부터 살펴볼까요?

- 비열 c[J/g·K] … 어떤 물질 1[g]의 온도를 1[K] 상승시키는 데 필요한 열량

비열은 물질 고유의 값입니다. 예를 들면, 철의 비열은 0.45[J/g·K]이며, 물의 비열은 4.2[J/g·K]입니다. 아래에 주요 물질의 비열을 표로 소개합니다.

| 그림 2-4 | 여러 가지 물질의 비열 |

물질	비열[J/g·K]
물	4.2
납	0.13
구리	0.38
철	0.45
콘크리트	0.8
알루미늄	0.9

물의 비열은 다른 물질과 비교해 눈에 띄게 큽니다.
비열이 클수록 쉽게 데워지거나 식지 않습니다.

대부분 물질은 비열이 1보다 작으므로 물의 비열은 매우 높고, **물이 다른 물질에 비해 데우거나 식히기 어렵다**는 사실을 나타내고 있습니다. 왜냐하면 물의 온도를 1[K]만큼 상승시키기 위해서 4.2[J]이나 공급해야 하고, 반대로 1[K]만큼 낮추는 데도 4.2[J]이나 열을 빼앗아야 하기 때문입니다.

지구의 대부분은 물(해수)로 뒤덮여 있습니다. 그 덕분에 지구의 낮과 밤의 온도 차는 다른 행성에 비해 작습니다(화성의 평균 기온은 −60°C 정도이며, 최고기온이 30°C, 최저기온은 −140°C 정도로, 사람이 살기에는 열악한 환경입니다).

열용량

다음은 열용량의 정의입니다.

- 열용량 C [J/K] ⋯ 어떤 물체의 온도를 1[K] 상승시키는 데 필요한 열량

열용량과 비열의 차이는 헷갈리기 쉬운데 명확하게 정리해 이해하면 간단합니다.

열용량의 정의에서 굳이 '물체'라는 단어를 사용했습니다. 세상에 존재하는 물체는 대부분 '혼합물'입니다.

예를 들면, 지금 이 원고를 컴퓨터로 쓰고 있는데, 컴퓨터라는 '물질'이 있는 것이 아니라, 플라스틱, 금속, 유리 등 다양한 물질이 조립된 '혼합물'로 컴퓨터라는 '물체'가 존재합니다. 따라서 '컴퓨터의 비열은 얼마일까?'라고 물어도 그 값을 정의할 수는 없습니다.

그래서 열용량이라는 개념이 필요합니다.

크게 분류하자면, **'순물질'에는 '비열', '혼합물'에는 '열용량'을 사용한다**고 머릿속에 넣어주세요.

'분자의 움직임'으로 열 현상을 알아본다

이상 기체 = 기체 분자가 자유롭게 움직이며, 크기를 0으로 가정하는 기체

본격적인 열 현상 이야기로 들어가겠습니다. 고체나 액체는 분자끼리 서로 결합해 움직임에 제한과 구속이 생기므로, 고체나 액체의 열 현상을 다루면 지나치게 복잡해집니다.

그래서 우선은 분자가 서로 완전히 자유롭게 돌아다니는 상태인 '기체'의 열 현상부터 살펴보겠습니다. 이렇게 한정한 '열역학'을 '이상 기체의 열역학'이라고 합니다. '이상 기체'란 분자가 완전히 자유롭게 움직이며, 동시에 기체 분자의 크기를 무시하는 기체를 말합니다.

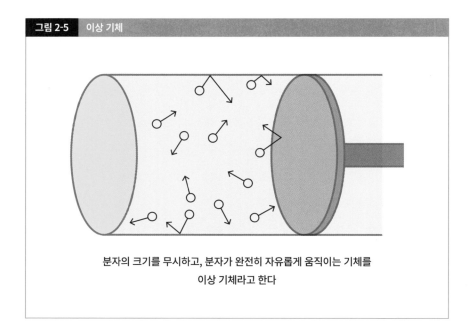

그림 2-5 **이상 기체**

분자의 크기를 무시하고, 분자가 완전히 자유롭게 움직이는 기체를
이상 기체라고 한다

이상 기체를 특징짓는 물리량

이상 기체를 특징짓기 위해서는 주로 다음의 물리량을 사용합니다.

① **부피 V[㎥]** ··· 기체의 부피라고 하지만, 기체는 반드시 용기에 넣어 실험하기 때문에 기체를 넣는 용기의 용적과 일치한다.

② **압력 P[Pa]** ··· 단위 넓이(1[㎡])당 기체에 의해 발생하는 힘. 힘 F를 넓이 S로 나누어 정의하는 양이다. 따라서 다음 식이 성립한다.

$$P = \frac{F}{S}$$

이 식에서

$$F = PS$$

라는 관계가 된다.

③ **절대 온도 T[K]** ··· 앞에서 나온 절대 온도. 기체를 구성하는 분자의 운동 에너지(의 평균값).

④ **분자의 개수 n[mol]** (물질량이라고도 한다) ··· 기체 분자는 상상을 초월할 정도로 대량의 수가 존재한다. 그러므로 한 개씩 셀 수 없고, 6.02×10^{23}개 = 1[mol]로 다룬다.
6.02×10^{23}를 보통 N_A라고 쓰고, 아보가드로 상수라고 한다(물론 n[mol]일 때 분자 수는 nN_A).

보일의 법칙과 샤를의 법칙으로 만든 '상태 방정식'

이상 기체에서 성립하는 방정식

mol수 n이 일정한 이상 기체인 경우, 다음 식이 성립합니다.

$$PV = nRT$$

이 식을 이상 기체의 '**상태 방정식**'이라고 합니다.

R은 기체 상수(또는 가스 상수)라고 하며 다음과 같습니다

$$R = 8.31 \ [\text{J/mol} \cdot \text{K}]$$

이 상태 방정식은 이상 기체를 다루는 데 가장 중요한 식이라고 해도 과언이 아닙니다.

역사적으로 '상태 방정식'은 서서히 만들어졌습니다.

먼저, 1662년에 **로버트 보일**이라는 과학자가 '온도 T가 일정할 때, 압력 P와 부피 V의 곱은 일정하다'라는 법칙을 발견했습니다. 바로 '**보일(Boyle)의 법칙**'입니다. 그로부터 130년이 지난 뒤, 이번에는 프랑스의 **자크 샤를**이 '압력 P가 일정할 때, 부피 V와 온도 T의 비는 일정하다'는 사실을 발견했습니다. 이것을 '**샤를(Charles)의 법칙**'이라고 합니다.

그리고 이 두 법칙을 하나로 정리해 '보일·샤를의 법칙'이 만들어졌습니다.

이상 기체의 '상태 방정식'은 다음과 같은 순서로 실험적으로 차근차근 형성되어갔습니다.

그림 2-6 상태 방정식의 성립

$T = $ 일정할 때 ➡ $PV = $ 일정 (보일의 법칙)

$P = $ 일정할 때 ➡ $\dfrac{V}{T} = $ 일정 (샤를의 법칙)

두 법칙을 합쳐 $\dfrac{PV}{T} = $ 일정 (보일·샤를의 법칙)

즉, $PV = $ 일정 $\cdot T$

이 일정 을 nR 로 쓸 수 있으므로

$PV = nRT$ 가 도출되었다.

이렇게 '상태 방정식'은 '보일의 법칙'과 '샤를의 법칙'처럼 앞선 과학자들의 결과물에서부터 조금씩 만들어지고 있었습니다. 따라서 '상태 방정식'이라는 하나의 식에 '보일의 법칙'과 '샤를의 법칙'이 포함되어 있습니다.

이상 기체의 운동 에너지의 합을 구한다

내부 에너지란 무엇인가?

이어서 새로운 물리량으로 '내부 에너지 U'를 알아보겠습니다.

먼저 정의부터 확인해볼까요?

내부 에너지 = 구성 분자의 운동 에너지의 합

즉, 내부 에너지는 **각 분자가 가지고 있는 운동 에너지를 모두 합한** 에너지입니다. 기체 전체가 내포하는 에너지라고 해석할 수 있어 '내부 에너지'라는 이름이 붙었습니다.

그러면 구체적으로 내부 에너지 U를 구해봅시다. 여기서는 '단원자분자 이상 기체'의 내부 에너지를 살펴봅니다. '단원자분자'란 원자 하나가 이미 기체 분자인 기체입니다. 구체적으로는 주기율표에서 18족인 He와 Ar 과 같은 비활성기체(희가스)가 해당합니다.

단원자분자 이상 기체의 내부 에너지 U는 구성 분자의 운동 에너지를 하나하나 구해서 더하면 되는데, mol수가 n[mol]인 기체의 경우, 기체 분자는 모두 nN_A개나 되므로 하나씩 구하기는 불가능합니다. 그래서 **'평균' 개념을 이용합니다.**

예를 들어, '인원이 30명인 과목의 정기 시험의 총득점을 알고 싶다'라고 해봅시다. 총득점을 아는 방법은 두 가지입니다. 첫 번째는 한 사람 한 사람에게 점수를 물어보는 방법입니다. 이 경우 30명에게 일일이 묻기도 힘들고 알려주지 않는 사람도 있겠지요. 두 번째는 만약 '이 테스트의 평균 점수'를 안다면 '평균 점수 × 30명'으로 30명의 총득점을 구하는 방법이 있습니다.

여기서는 두 번째 방법으로 내부 에너지를 구해보겠습니다.

n[mol] 당 nN_A 개의 분자 수가 존재하므로

$$U = \frac{1}{2}m\overline{v^2} \times nN_A$$

$$= \frac{3}{2}k_BT \times nN_A$$

$$= \frac{3}{2}nk_BN_AT$$

위 식에서 k_B와 N_A는 모두 상수이므로, 정리해 하나의 상수로 취급합니다. 사실 이 k_B와 N_A의 곱이 기체 상수 R입니다.

최종적으로 다음 식이 됩니다.

$k_BN_A = R$ 이라고 하면……

$$U = \frac{3}{2}nRT \, (\text{단원자분자 이상 기체의 내부 에너지})$$

이 식은 '결국, 내부 에너지는 온도 T만으로 결정되는, 온도 T에 비례하는 함수'임을 주장합니다. 즉, **'온도 T'를 구하는 일은 기체 분자의 '운동 에너지'를 구하는 일이며, 나아가서 그 기체가 가지는 '내부 에너지'를 평가하는 일이 됩니다.**

우리는 기체의 '온도 T'를 측정해 '내부 에너지 U'를 알게 된다는 말입니다.

에너지의 흡수와 방출을 표시한 '열역학 제1법칙'

열역학 제1법칙 = 에너지 출입

앞에서 말한 대로 열은 '에너지'의 한 형태입니다. 그러므로 열 현상도 '에너지' 이야기로 돌아갑니다. 어떤 기체에 열량을 공급해 기체가 그 열을 어디에 쓰는지를 생각해봅시다.

아래 그림을 볼까요? 피스톤이 붙어 있는 용기(실린더)에 이상 기체가 들어있습니다. 여기에 바깥에서 (히터 등으로) 기체에 열량 Q_{in}을 가합니다. 기체가 받은 열이므로 *in*이라는 첨자를 붙입니다.

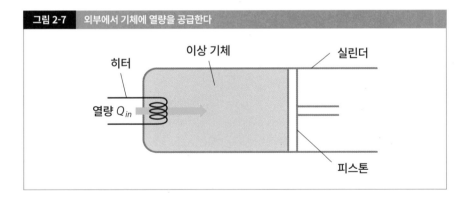

그림 2-7 외부에서 기체에 열량을 공급한다

히터　　　　　　이상 기체　　　　　　실린더

열량 Q_{in}

피스톤

열 Q_{in}은 '에너지'이므로 다른 에너지로 변환할 수 있습니다. 기체의 경우, 에너지라면 먼저 '내부 에너지'가 있습니다. 앞에서 말한 대로 '내부 에너지'는 기체 분자의 운동 에너지의 총합이므로 가해진 열 Q_{in}의 일부(또는 전체)를 내부 에너지의 증가분으로 변환합니다. 이때 내부 에너지의 증가분을 ΔU라고 씁니다.

단, 기체는 받은 열량 Q_{in}을 '외부에 하는 일'로 사용할 가능성도 있습니다. 왜냐하면 열을 받으면 기체는 에너지를 받아 활발하고 격렬하게 운동하기 때문입니다. 그러므로 피스톤에 충돌하는 분자의 힘도 증가하고 피스톤을 밖으로 밀어내기도 합니다. 힘을 가해 일정한 거리만큼 움직이게 하는, 역학적인 일입니다.

이상을 정리하면 기체는 '받은 열량 Q_{in}'을 '내부 에너지의 증가 ΔU'와 '외부에 하는 일 W_{out}'으로 변환 가능합니다(기체가 외부에 하는 일이므로 W_{out}). 식은 다음과 같습니다.

$$Q_{in} = \Delta U + W_{out}$$

이것을 '열역학 제1법칙'이라고 합니다. 다소 어려워 보이지만, 간단한 **'에너지 출입'**으로 에너지의 흡수와 방출의 관계일 뿐입니다. 100[J]의 열을 받아 내부 에너지의 증가에 30[J] 사용하면 남은 70[J]은 반드시 일에 사용한다는 말입니다. 300만 원의 급여(열) 중에서 100만 원을 저축으로 떼 놓고(내부 에너지의 증가), 남은 200만 원을 물건을 사는 데 사용(일)한다는 예로도 설명할 수 있습니다.

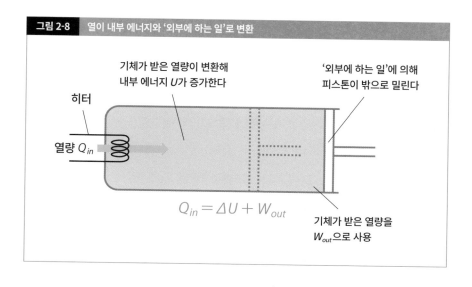

그림 2-8　열이 내부 에너지와 '외부에 하는 일'로 변환

기체가 받은 열량이 변환해 내부 에너지 U가 증가한다

히터

열량 Q_{in}

'외부에 하는 일'에 의해 피스톤이 밖으로 밀린다

$$Q_{in} = \Delta U + W_{out}$$

기체가 받은 열량을 W_{out}으로 사용

P-V 그래프로 '기체의 변화'를 따라가본다

세로축에 압력 P, 가로축에 부피 V

과학에서는 복잡한 현상을 쉽게 이해하기 위해 그래프를 사용합니다. 기체의 변화를 살펴볼 때도 $P-V$ 그래프를 종종 사용합니다. 세로축을 압력 P로, 가로축을 부피 V로 설정하고 그래 프를 보면 바로 압력 P와 부피 V를 구할 수 있습니다. 상태 방정식 $PV=nRT$의 관계가 있으므로, 온도 T에 대해서도 $P-V$ 그래프에서 어느 정도까지는 보입니다. 우선, 오른쪽 위의 $P-V$ 그래프를 봐주세요. A에서 B로 상태가 변하고 있습니다. 이때 기체의 온도 T가 상승했는지 아니면 하강했는지 알 수 있을까요?

만약 온도 T가 일정하다면 어떤 그래프가 될지 생각해보세요.

오른쪽 가운데 그래프처럼 온도 T가 일정할 때, P-V 그래프는 반비례 그래프(쌍곡선이라고 합니다)가 됩니다. 참고로 이 그래프의 이름을 등온선이라고 합니다. 상태 A와 같은 온도인 기체는 A를 지나는 쌍곡선 위에 있고, 상태 B와 같은 온도인 기체는 B를 지나는 쌍곡선 위에 존재합니다.

그러면, **온도 T가 크면 'PV=일정'에서 일정값도 크기 때문에 그래프가 오른쪽 위로 갈수록 고온이 됩니다.** 그러므로 온도는 B가 A보다 높음을 바로 알 수 있겠지요.

게다가 기체가 외부로 하는 '일 W_{out}'도 그래프에서 구할 수 있습니다.

여기서는 간단하게 설명하기 위해 압력 P가 일정하고 단면적이 S인 피스톤이 L이라는 거리만큼 움직이는 경우로 생각해보겠습니다. 오른쪽 아래의 그림처럼 $P-V$ 그래프도 함께 확인하면 재미있는 사실이 보입니다. 결국 **$P-V$ 그래프의 넓이가 '기체가 하는 일 W_{out}'을 나타냅니다.**

그림 2-9   *P-V* 그래프

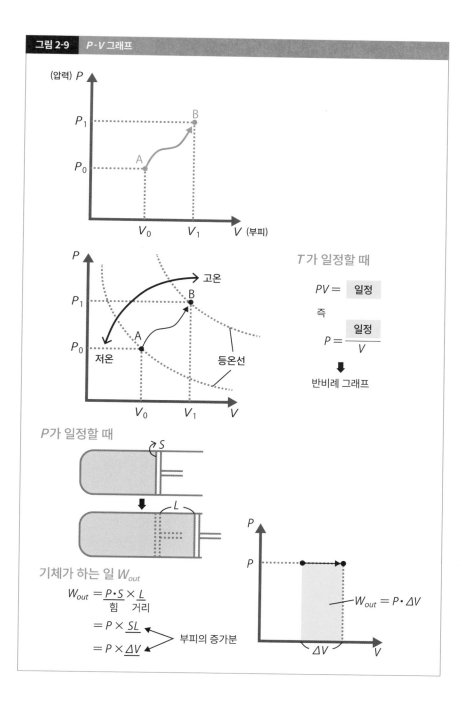

(압력) P

P_1 ┈┈┈┈┈┈ B

P_0 ┈ A

V_0 V_1 V (부피)

P

고온

P_1 ┈┈┈┈┈┈ B

P_0 A

저온   등온선

V_0 V_1 V

T가 일정할 때

$PV = $ 일정

즉

$P = \dfrac{\text{일정}}{V}$

⬇

반비례 그래프

P가 일정할 때

S

L

기체가 하는 일 W_{out}

$W_{out} = \underset{\text{힘}}{P \cdot S} \times \underset{\text{거리}}{L}$

$= P \times \underline{SL}$

$= P \times \underline{\varDelta V}$ ⟵ 부피의 증가분

P

P ┈┈┈●━━▶●

$W_{out} = P \cdot \varDelta V$

$\varDelta V$ V

기체의 대표적인 변화 네 가지

대표적인 변화 네 가지

기체의 변화 방법은 무한히 많겠지만, 그중에서도 대표적인 변화가 네 가지 있습니다. 바로 '등적 변화', '등압 변화', '등온 변화', '단열 변화'입니다. 이 네 가지 변화의 상태 방정식, 열역학 제1법칙, 그리고 P-V 그래프를 순서대로 살펴보겠습니다.

기체의 변화 ① 등적 변화

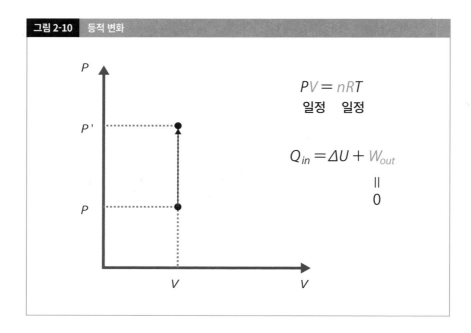

그림 2-10   등적 변화

등적 변화란 '**부피가 일정한 변화**'를 말합니다. 피스톤을 고정하거나 튼튼한 용기에 기체를 넣고 변화시켜 간단하게 등적 변화를 만듭니다.

P-V 그래프는 그림 2-10과 같습니다.

부피 V가 일정하므로 세로로 쭉 이어지는 선으로 그립니다. 부피가 변하지 않는다는 말은 기체가 외부로 하는 일 W_{out}가 없다는 말이기도 합니다.

상태 방정식을 확인해보면 부피가 일정하므로 압력 P와 온도 T가 비례 관계임을 알 수 있습니다. 열역학 제1법칙에서 보면, 앞에서 이야기한 대로 일 W_{out}가 0이므로 받은 열 Q_{in}은 모두 내부 에너지의 증가분 ΔU로 사용됩니다.

기체의 변화 ② 등압 변화

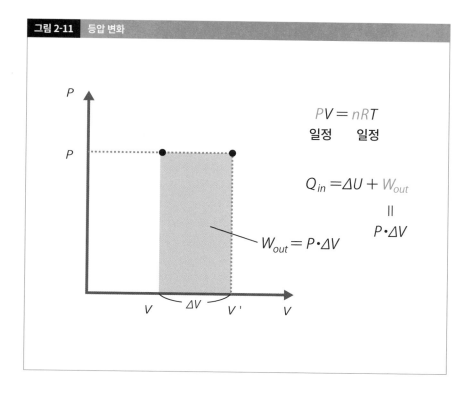

그림 2-11 등압 변화

$$PV = nRT$$
일정 　 일정

$$Q_{in} = \Delta U + W_{out}$$
$$\|$$
$$P \cdot \Delta V$$

$$W_{out} = P \cdot \Delta V$$

등압 변화는 '압력이 일정한 변화'입니다. 피스톤이 순조롭게 움직일 때 등압 변화를 볼 수 있습니다.

P-V 그래프는 그림 2-11과 같습니다. 압력 P가 일정하므로 그래프는 가로로 쭉 뻗은 직선입니다.

부피는 변하므로 일 W_{out}은 0이 아닙니다. 게다가 압력이 일정한 경우의 일 W_{out}은 그래프의 넓이 $P\Delta V$로 구하고, 상태 방정식에서 압력 P가 일정하므로 부피 V와 온도 T가 비례 관계가 됩니다. 열역학 제1법칙을 보면, 온도가 일정하지도 않고 부피도 일정하지 않으므로, 받은 열 Q_{in}은 내부 에너지의 증가분 ΔU와 외부로 하는 일 W_{out} 모두에 사용될 수 있습니다.

기체의 변화 ③ 등온 변화

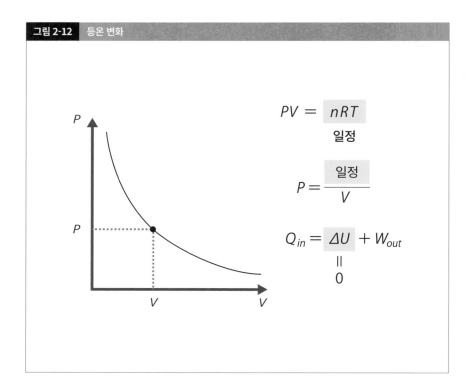

그림 2-12 등온 변화

등온 변화는 '**온도가 일정한 변화**'를 말합니다. 온도가 일정한 용기인 항온조에 기체를 넣고 변화시키면 등온 변화가 됩니다.

P-V 그래프는 그림 2-12와 같습니다. 앞에서 말한 '등온선'입니다.

상태 방정식은 온도가 일정하므로 압력 P와 부피 V가 반비례합니다. 열역학 제1법칙은 어떻게 될까요? 온도가 일정하다는 말은 내부 에너지 U가 일정하다는 뜻입니다. 즉, 내부 에너지의 증가분 ΔU는 0이 되고, 받은 열 Q_{in}은 모두 외부에 하는 일 W_{out}로 변환됩니다.

기체의 변화 ④ 단열 변화

단열 변화란 '열을 차단한 상태의 변화'입니다. 흡수하는 열량이 0이라는 말입니다. 이것은 단열 용기에 기체를 넣고 변화시키면 관찰할 수 있습니다.

단열 변화는 열역학 제1법칙에서 확인됩니다. 단열 변화에서는 받는 열 Q_{in}이 0이므로 ΔU와 W_{out}은 항상 반대 부호가 됩니다. 즉, ΔU가 50[J]이라면 W_{out}는 –50[J]가 되어야 그 합이 0이 됩니다.

참고로 W_{out}가 마이너스가 된다는 말은 외부에서 받은 일로 용기의 부피가 줄었다, 즉 압축되었다는 의미이므로, 단열 변화는 다음과 같이 표현합니다.

《단열 변화》

- 단열로 압축(W_{out}가 마이너스)되면 온도는 올라간다

  (ΔU는 플러스)

- 단열로 팽창(W_{out}가 플러스)하면 온도는 내려간다

  (ΔU는 마이너스)

이상에서 P-V 그래프는 그림 2-13과 같습니다.

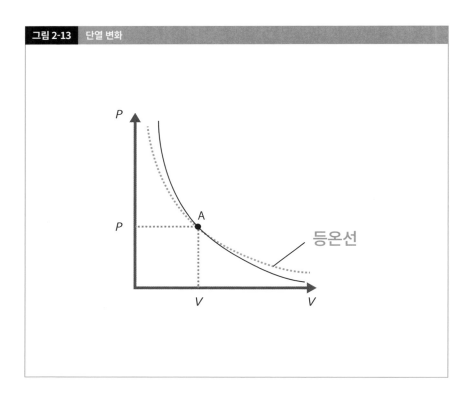

그림 2-13　단열 변화

A를 기준으로 생각하며, 점선이 A의 등온선을 표시합니다.

A보다 부피를 크게 하면 온도는 내려가므로 등온선보다 아래쪽으로, 부피를 줄이면 온도가

올라가므로 등온선보다 위쪽으로 그래프가 그려집니다.

기체의 압력을 '입자의 운동'으로 본다

압력 *P*의 고찰

다음은 기체에 의해 발생하는 압력 *P*를 살펴봅시다.

기체에 의해 용기 벽에 압력이 발생하면 명백히 거시적인 정보가 관찰됩니다. 이 거시적인 물리량인 '압력'의 원인을 기체 분자의 움직임, 즉 미시적인 입자의 운동에 주목해 생각해보겠습니다. 이를 '기체 분자 운동론'이라고 합니다.

아래 그림을 보세요. 한 변의 길이가 *L*인 정육면체 용기에 기체가 투입되었습니다(기체는 단원자분자 이상 기체입니다).

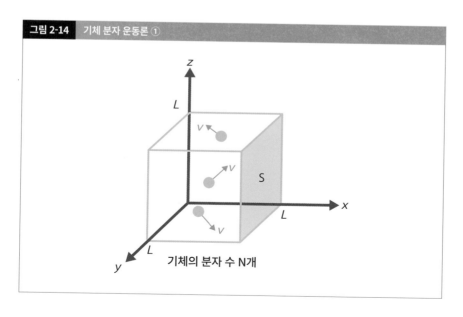

그림 2-14　기체 분자 운동론 ①

기체의 분자 수 N개

안에 들어간 기체가 벽 S에 가하는 압력을 기체 분자의 운동에서 생각합니다.

이 기체 분자 운동론에는 다음과 같은 '흐름(이야기)'이 있습니다.

분자 한 개가 벽에 미치는 충격량을 구한다
⇩
전체 분자가 벽에 미치는 충격량을 고려해 벽에 가하는 (평균적인) 힘을 구한다
⇩
기체 분자가 벽에 미치는 압력 P를 구한다

첫 번째, '분자 한 개가 벽에 미치는 충격량을 구한다'를 살펴보겠습니다.

지금 기체 분자는 x축, y축, z축으로 규정된 3차원 공간에 있는 정육면체 용기 안에서 움직이고 있으므로, 당연히 그 속도는 x축, y축, z축 세 방향의 성분을 가지고 있습니다. 그 성분을 각각 v_x, v_y, v_z라고 합니다.

그러면 아래 그림과 같이 x 방향의 벽 S에 질량 m인 기체 분자 **한 개**가 충돌한다고 합시다. 기체 분자와 벽의 충돌은 '(완전) 탄성 충돌'로 보아도 됩니다. 즉, '반발 계수 $e=1$'입니다. 그러면 벽은 기체 분자의 충돌 전후에 속도 0인 그대로이므로 충돌 후의 기체 분자의 속도를 v'_x로 둔 경우, 반발 계수의 정의 식에서 $1 = -\dfrac{v'_x - 0}{v_x - 0}$ 입니다. 즉, $v'_x = -v_x$가 되어 기체 분자의 속도는 크기는 변하지 않고 방향만 반전됩니다.

그림 2-15 기체 분자 운동론 ②

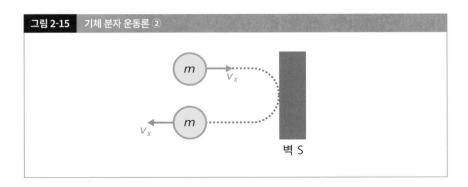

이 기체 분자 한 개가 벽과 충돌해 받는 충격량 i는 '충격량과 운동량의 관계'인 $mv_x + i = -mv_x$라는 식에서 $i = -2mv_x$를 구할 수 있습니다. 기체 분자가 벽에 부딪힐 때 음의 방향(그림에서 왼쪽)으로 크기 $2mv_x$인 충격량을 받는다는 의미가 됩니다.

그러면 반대로 이 충격량으로 벽 S가 받는 충격량은 물론 '작용 반작용의 법칙'에서 $+2mv_x$가 됩니다(오른쪽으로 크기 $2mv_x$).

기체 분자의 x 방향의 속도는 몇 번 벽에 충돌하더라도 항상 v_x이므로, $t[s]$ 동안은 $v_x t$ 거리만큼 나아갑니다. 이 기체 분자가 다시 벽 S와 충돌하려면 L만큼 나아가고 L만큼 돌아오므로 한 번 왕복에 $2L$의 거리가 필요합니다.

따라서 x 방향으로 $2L$ 나아갈 때마다 벽 S와 부딪히므로 $t[s]$ 동안 $v_x t \div 2L = \dfrac{v'_x t}{2L}$ 번 부딪힙니다(만약 10[m] 나아가면서 2[m]마다 부딪힌다면 $10 \div 2 = 5$회 부딪힙니다). 이상에서 $t[s]$ 동안 기체 분자 한 개가 벽 S에 주는 충격량은 다음과 같이 계산합니다.

$$2mv_x \times \frac{v_x t}{2L} = \frac{mv_x^2}{L}t$$

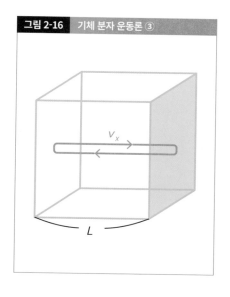

그림 2-16 기체 분자 운동론 ③

v_x

L

지금까지 '분자 한 개가 벽에 미치는 충격량을 구한다'라는 단계가 끝났습니다. 다음은 '전체 분자가 벽에 미치는 충격량을 고려해 벽에 가하는 (평균적인) 힘을 구한다'라는 단계로 넘어가겠습니다.

기체 분자 한 개가 벽 S에 가하는 충격량은 $\dfrac{mv_x^2}{L}t$입니다. 그러면 전체 분자(N개)가 $t[s]$ 동안 벽 S에 주는 충격량은 어떻게 구하면 될까요?

물론 분자 하나하나의 x 방향의 속도 v_x는

모두 다릅니다. 따라서 단순히 $\dfrac{mv_x^2}{L}t$을 N배 해서는 안 됩니다. 그렇다면 '내부 에너지'의 계산에서도 사용한 '평균값을 사용해 합계를 구한다'라는 개념을 여기서도 도입해봅시다.

기체 분자의 x 방향의 속도 v_x의 제곱, v_x^2의 평균값을 $(\overline{v_x^2})$이라고 하면 전체 분자(N개)가 t[s] 동안 벽 S에 주는 충격량은 $\dfrac{m\overline{v_x^2}}{L}t \times N = N\dfrac{m\overline{v_x^2}}{L}t$라고 표현합니다.

'열역학' 장의 도입부에서 '열역학'은 '뉴턴 역학'과 '확률 통계론'의 융합이라고 말했지요. 여기서 그 '확률 통계론'의 입문에 해당하는 개념을 사용합니다. 지금 기체 분자는 x축, y축, z축으로 무작위로 날아다니지만, 사실 공간은 '균일하고 등방적인' 성질을 가집니다. 한마디로 말하면, '우주 공간에는 특별한 장소, 특별한 방향이 없다'라는 뜻입니다. 즉, x 방향으로 일어나는 일은 y 방향, z 방향으로도 똑같이 일어난다고 보지요. 그러므로 각 방향의 평균 속도는 같다고 보아 $\overline{v_x^2} = \overline{v_y^2} = \overline{v_z^2}$ 가 됩니다. 또 아래 그림처럼 현재 기체 분자의 속도를 v라고 하면, 그 각 성분이 v_x, v_y, v_z이므로 피타고라스의 정리에서 $v^2 = v_x^2 + v_y^2 + v_z^2$라는 관계가 있습니다.

$\overline{v_x^2} = \overline{v_y^2} = \overline{v_z^2}$ 와 $v^2 = v_x^2 + v_y^2 + v_z^2$ 두 식을 활용하면 $\overline{v^2} = \overline{v_x^2} + \overline{v_y^2} + \overline{v_z^2}$, 즉 $\overline{v_x^2} = \dfrac{1}{3}\overline{v^2}$라는 관계가 유도됩니다. 앞에서 구한 전체 분자(N개)가 t[s] 동안 벽 S에 주는 충격량 $N\dfrac{m\overline{v_x^2}}{L}t$

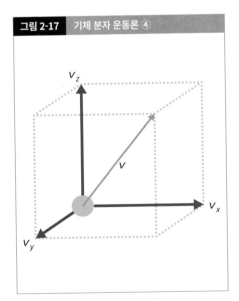

그림 2-17 기체 분자 운동론 ④

는 $N\dfrac{m\overline{v^2}}{3L}t$로 나타낼 수 있습니다.

충격량이란 '힘의 시간 합'을 의미하는 물리량입니다. 어떤 반의 테스트 평균점을 내고 싶으면 점수의 합을 반의 인원수로 나누면 됩니다. 그러면 '(시간의) 평균 힘'을 구하고자 하는 경우, '힘의 시간 합'을 '시간'으로 나누면 됩니다. 지금, t[s] 동안이라는 '시간'에 충격량 $N\dfrac{m\overline{v^2}}{3L}t$이라는 '힘의 시간 합'이 발생하므로 벽 S가 받는 '평균 힘 F'는 $F = N\dfrac{m\overline{v^2}}{3L}t \div t = N\dfrac{m\overline{v^2}}{3L}$이 됩니다. 이상에서 [전체 분자가 벽에 미치는 충격량을 고려해 벽에 가하는 (평균적인) 힘을 구한다]는 단계가 완료됩니다.

그러면 드디어 마지막 단계입니다. [기체 분자가 벽에 미치는 압력 P를 구한다]는 단계를 살펴보겠습니다. '압력'은 '단위 면적(1[㎡])당 발생하는 힘'을 말하므로, 어떤 면에 발생하는 압력을 알고 싶을 때, 그 면에 발생하는 힘을 그 면적으로 나누면 됩니다. 따라서 벽 S에 발생하는 압력 P는 벽 S가 정사각형이며 L^2[㎡]이고, 벽 S에 생기는 평균 힘이 $F = N\dfrac{m\overline{v^2}}{3L}$ 이라고 하면 다음처럼 구할 수 있습니다.

$$P = N\frac{m\overline{v^2}}{3L} \div L^2 = N\frac{m\overline{v^2}}{3L^3}$$

L^3은 기체 분자가 투입되는 정육면체 용기의 부피 $V = L^3$로 생각해도 되므로 '압력 P'의 최종 표현은 다음과 같습니다.

$$P = N\frac{m\overline{v^2}}{3V}$$

이 결과에서 다음 내용을 알 수 있습니다.

- 압력은 기체 분자의 수 N이 많을수록 크다
- 압력은 기체 분자의 평균 속도의 제곱 $\overline{v^2}$ 가 클수록 커진다
- 압력은 용기의 부피 V가 작을수록 커진다

이상이 '기체 분자 운동론'입니다. '기체 분자 운동론'의 결과와 실험적으로 발견된 '이상 기체의 상태 방정식'을 비교해보면, 한 가지 사실을 도출할 수 있습니다.

'기체 분자 운동론'에서 $P = N\dfrac{m\overline{v^2}}{3V}$, 즉 $PV = N\dfrac{m\overline{v^2}}{3}$ 입니다. 또 '이상 기체의 상태 방정식'에서 $PV = nRT$였습니다. 이 두 식에서 $N\dfrac{m\overline{v^2}}{3} = nRT$가 됩니다. 이항하면 $m\overline{v^2} =$

$3\dfrac{n}{N}RT$입니다. 여기서 mol 수 n은 아보가드로 상수 N_A를 이용하면 $n=\dfrac{N}{N_A}$ 가 되므로 다음과 같이 변형됩니다.

$$mv^{\overline{2}} = 3\frac{R}{N_A}T$$

좌변이 $mv^{\overline{2}}$이므로 운동 에너지의 평균값 $\dfrac{1}{2}mv^{\overline{2}}$인 형태를 만들 수 있겠지요. $mv^{\overline{2}} = 3\dfrac{R}{N_A}T$의 양변에 $\dfrac{1}{2}$를 곱하면 다음 식이 됩니다.

$$\frac{1}{2}mv^{\overline{2}} = \frac{3}{2}\frac{R}{N_A}T$$

기체 상수 R은 볼츠만 상수 k_B와 아보가드로 상수 N_A의 곱, 즉 $R=k_B N_A$이므로 위의 식은 다음과 같은 형태로 정리됩니다.

$$\frac{1}{2}mv^{\overline{2}} = \frac{3}{2}k_B T$$

이 식은 이미 '절대 온도 T의 정의'로 소개했지요. 사실 역사적으로는 이렇게 '기체 분자 운동론'과 '이상 기체의 상태 방정식'을 비교해 $\dfrac{1}{2}mv^{\overline{2}} = \dfrac{3}{2}k_B T$가 도출되었습니다.

제 3 장

파동

파동 현상을 '미세 입자의 움직임'으로 본다

파동은 '입자(매질)'의 진동

'파동'이라고 하면 사람들은 수면의 물결을 떠올리기도 합니다. 그래서 파동을 다룬 이 단원에 관해서는 지금까지 다루어 온 역학, 열역학과는 완전히 다른 물리 현상이라고 생각하는 분도 계실지 모르겠습니다. 하지만 파동은 기본적으로는 역학이나 열역학과 같은 틀에서 이해할 수 있습니다.

먼저, 파동에서 다루는 '파'는 물결만을 의미하지는 않습니다. 줄의 진동이나 현, 소리의 진동도 사실은 파동 현상입니다. 이 현상은 미시적인 시점에서 보면 모두 '입자(매질)'의 진동이 시간의 차를 가지며 전달됩니다. 즉, **파동이라는 현상도 미세한 입자(역학 입자) 하나하나의 움직임이라고 역학적으로 생각할 수 있습니다.**

옛날부터 과학자들은 '전자기파(빛)'도 물결이나 줄, 현, 소리 등과 같은 파동 현상으로 보고 역학적으로 접근을 해왔는데, 연구가 진행되면서 '전자기파(빛)'는 발생 원리가 다르다는 사실이 밝혀졌습니다. 그래서 '전자기파(빛)' 연구에서는 '역학적 파동'과는 달리 '장'이라는 아이디어를 도입했고, 이 책의 제4장에서 다룰 '전자기학'이라는 분야로 확립되어 갔습니다.

파동의 기본

파동의 종류 / 특징
/ 기본 식

파동은 '역학적 파동'과
'전자기파(빛)' 두 가지로
크게 나뉜다

반사파

파동이 부딪히면
어떻게 될까? ①

경계점의 매질 상태에 따라,
크게 '자유단 반사'와
'고정단 반사' 두 가지로 나뉜다

파동 현상

파동은 '입자의 진동'에 의해
발생하는 현상

정상파

파동이 부딪히면
어떻게 될까? ②

고유 진동

현의 진동

공기 기둥의 진동

도플러 효과

공기 중 소리의 진동

'분자의 진동'에 의해 발생하는 파동 현상

'파동'의 정의

사실 우리 생활의 다양한 곳에 '파동'이 존재합니다. 가장 먼저 떠오르는 생각은 바다나 목욕탕에서 보는 '물결(수면파)'입니다. '음파'나 '지진의 흔들림', 또 눈에 들어오는 '빛', 방송국에서 보내는 '전파(이것은 빛과 동의어입니다만……)' 등 '파동 현상'은 많습니다.

다시 한번 일상생활을 돌아보면, 언제나 우리는 파동에 둘러싸여 살아가고 있습니다.

파동에 대해 물리학에서는 다음과 같이 정의합니다.

파동이란, 매질의 진동이 주위로 퍼져 나가는 현상

위의 한 문장에 '파동'의 전부가 응축되어 있습니다. 여기서는 무엇보다 강조하고 싶은 점은 **'파동은 물체가 아니라 현상'**이라는 사실입니다.

파동이란 '어떤 입자들'의 진동이 시차를 두고 퍼져 나가면서 비로소 관측되는 '현상'입니다. 이 '어떤 입자들'을 일반적으로 '매질'이라고 하며 전달하는 현상을 '전파한다'라고 표현합니다.

구체적인 예를 들면서 파동을 설명하겠습니다. 일단 줄을 준비합니다. 그리고 오른쪽 끝을 고정하고 왼쪽 끝을 손으로 한번 위아래로 흔들어봅시다. 그러면 어떤 일이 벌어질까요?

분명, '파동의 형태를 띤 것'이 오른쪽으로 움직이는 것처럼 보입니다. 이런 현상이 일어나는 이유를 '미시적인 눈'으로 생각해봅시다.

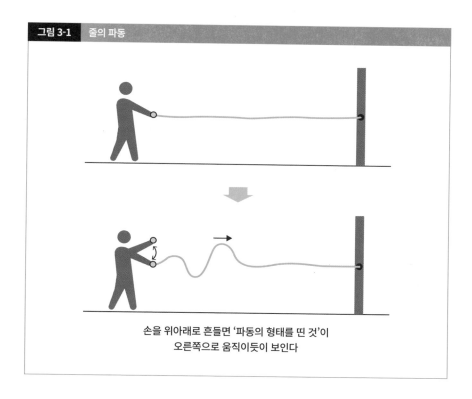

| 그림 3-1 | 줄의 파동 |

손을 위아래로 흔들면 '파동의 형태를 띤 것'이
오른쪽으로 움직이듯이 보인다

줄과 같은 역학적인 물체는 '원자, 분자'로 구성되어 있습니다. '분자 사이의 힘'에 의해 서로 끌어당겨져 물체라는 형태를 구성하고 있습니다. 줄을 구성하는 왼쪽 끝의 분자를 한 번 위아래로 흔들면, 그 하나 옆에 있는 분자도 분자간 힘으로 당겨져 한 번 올라갔다 내려갑니다. 이때 시간은 조금 지연되며 상하로 흔들립니다. 그다음 옆의 분자가 또 조금 늦게 1회 진동합니다. 연속적으로 발생하는 이 현상이 '파동 현상'의 정체입니다.

즉, **실제로 움직이는 것은 입자 하나하나의 '매질'이며, 그 입자들이 시차를 두고 진동함으로써 마치 우리 눈에 '파동이 진행되는 것'처럼 보입니다**(이 줄의 경우, 매질은 줄을 구성 분자라고 생각하면 됩니다).

'파동 현상'은 크게 두 가지로 나뉜다

파동은 두 가지로 크게 나뉜다

'파동 현상'은 다음 두 가지로 크게 나뉩니다.

1. 역학적 파동

2. 전자기파(빛)

우선 '역학적 파동'이란 그 이름대로 '원자와 분자'의 '역학적 매질'이 공간에서 전달해 발생하는 파동입니다. 대표 예는 그림 3-1에서 본 줄의 파동과 현, 소리의 파동, 지진 등입니다.

두 번째인 '전자기파'는 넓은 해석으로 우리가 '빛'이라고 부르는 것입니다.

역학적 파동에서는 '역학 입자(줄이나 소리를 구성하는 입자)'의 진동이 파동의 원인이라고 생각합니다. 따라서 옛날 과학자들은 당연히 '빛'에 대해서도 어떤 '역학적인 매질'을 전제로 두고 현상을 이해하려고 시도했고, 그 매질을 '에테르'라고 불렀습니다.

그런데 온갖 실험을 다 해봐도 '에테르'의 존재는 확인되지 않았습니다. 그래서 과학자들은 '역학적 파동'과 '전자기파(빛)'는 발생 원리가 다르다는 생각에 이르렀습니다.

결론부터 말하면(이것은 전자기학 장에서 다시 설명합니다), 현대 물리학에서는 '전기장'과 '자기장'이라는 '공간이 가지는 성질'이 진동하는 현상을 '빛'이라고 이해합니다.

'진동 방향'으로 파동을 분류

진동 방향에 따른 파동 두 종류

앞 페이지에서 '파동'은 '역학적 파동'과 '전자기파' 두 가지로 크게 나뉜다고 했는데, 또 다른 분류도 있습니다.

바로 '횡파'와 '종파'입니다.

횡파

파동의 진행 방향과 매질의 진행 방향이 수직이 되는 관계의 파동을 '횡파'라고 합니다. 주로 '줄이나 현의 진동', '지진의 S파', '전자기파' 등입니다.

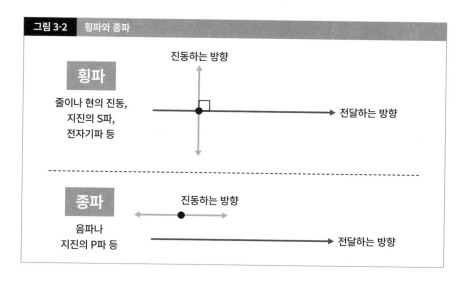

그림 3-2　횡파와 종파

종파

종파는 파동의 진행 방향과 매질의 진행 방향이 같은 파동입니다. 주로 '음파'나 '지진의 P파'

등입니다.

아래 그림에서 코일 용수철을 예로 '횡파'와 '종파'를 나타내보았습니다.

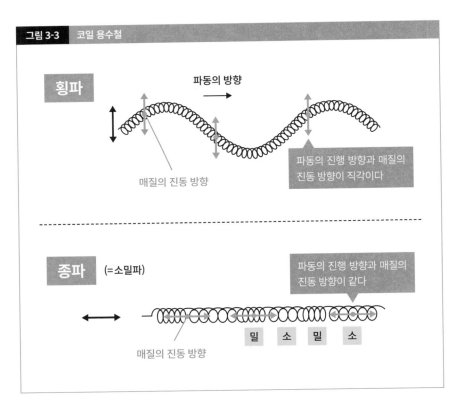

그림 3-3 코일 용수철

횡파

파동의 방향

매질의 진동 방향

파동의 진행 방향과 매질의 진동 방향이 직각이다

종파 (=소밀파)

파동의 진행 방향과 매질의 진동 방향이 같다

밀 소 밀 소

매질의 진동 방향

참고로 '종파'는 매질 간의 거리가 가까워질 때(밀)와 듬성듬성 멀어질 때(소)가 교대로 나타

나므로 별명으로 '소밀파'라고도 합니다.

파동을 특징짓는 여섯 가지 물리량

파동을 특징짓는 물리량

다음으로 파동의 가장 기본이 되는 '물리량'에 대해 살펴보겠습니다.

과학의 마지막 표현은 '수식'입니다. '파동'도 예외는 아닙니다. '파동의 수식 표현'은 복잡해 보이지만, 이해를 돕기 위해 간단하게 '진동은 단진동이며 전파는 등속 이동하는 단순한 파동'을 다루겠습니다.

파동을 특징짓는 기본적인 물리량에는 다음 여섯 가지가 있습니다.

그림 3-4	파동을 특징짓는 여섯 가지 물리량
① 진폭 A	매질의 최대 변위
② 각 진동수 ω	단위 시간 당 각도(위상) 변화
③ 주기 T	매질이 1회 진동하는 데 걸리는 시간
④ 진동수 f	단위 시간당 매질의 진동 횟수 즉, 1초 동안 통과하는 파동의 개수라고도 한다
⑤ 파장 λ	파동 하나의 길이
⑥ 파동의 이동 속도 v	

이 중에서 ①~④는 앞에서 말한 '단진동, 원운동'에서 다룬 용어입니다. 여섯 개나 있다고 해서 겁낼 필요는 없습니다(②의 각 진동수는 '각속도'와 같은 의미입니다).

즉, ⑤와 ⑥이 새로 나왔지만, 매우 단순한 용어입니다. 두 가지 모두 문자 그대로의 의미입니다. ⑤는 '파장', 즉 **파동의 길이**로, 그리스 문자인 λ(람다)로 표현합니다. ⑥은 파동이 움직이는 것으로 보일 때 그 이동 속도 v를 의미할 뿐입니다. '파동은 단진동이 전달되는 현상이다'라는 말을 염두에 두고 보면 모두 이해됩니다.

이미 '파동'을 오해하고 있는 사람도 있을지 모르겠습니다. '파동'은 '물체'가 아니고 '진동이 전달되는 현상'임은 꼭 알아두세요. 이 '전달되는 진동'은 가장 간단한 '단진동'인 경우가 대부분입니다.

여러분이 역학에서 '단진동'을 이미 배웠으므로 파동에 대해서는 반 정도는 이미 이해하고 있다고 생각해도 됩니다.

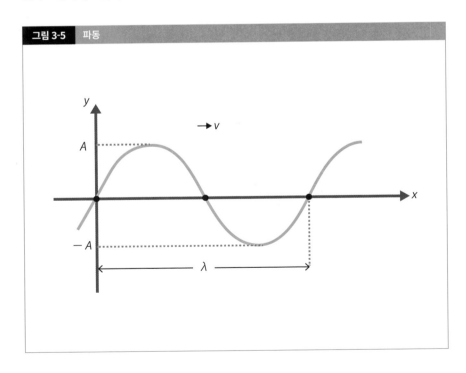

그림 3-5   파동

파동 현상을 수식으로 나타낸 '파동의 기본 식'

'파동의 기본 식'은 당연한 식

'파동 현상'을 다룰 때 흔히 사용하는 '파동의 기본 식'을 살펴볼까요?

'등속으로 움직이는 파동'이 있다고 합시다. 이 파동이 주기 T[s]로 움직일 때, 거리는 정확히 그 파동의 파장 λ가 됩니다. 그러므로 등속 운동을 원칙으로 한다면 $\lambda = vT$입니다. 제1장에서 다룬 역학의 '등속 원운동'에서 $T = \dfrac{1}{f}$ 로, 주기와 파동수에는 역수의 관계라고 설명했습니다. 이상에서 $v = f\lambda$가 됩니다.

간단한 예로 $f=2$인 파동을 아래 그림에서 나타냈습니다.

그림 3-6 　파동의 기본 식

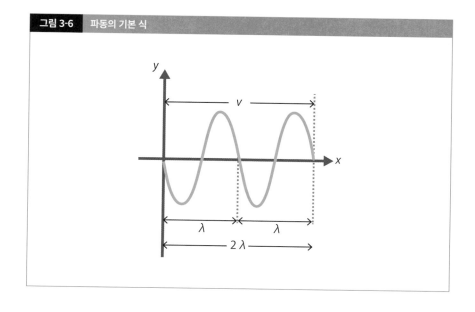

파동이 부딪치면 어떻게 될까?

파동의 중첩

두 물체가 서로 마주 보고 움직이고 있을 때, 두 물체는 결국 '충돌'한다고 '운동량 보존 법칙'에서 설명했습니다.

　그러면 두 파동이 서로 마주 보면서 나아가면 어떻게 될지 생각해봅시다. 파도가 부딪히면 아래 그림과 같이 두 파동의 높이를 더한 만큼의 새로운 파도가 만들어집니다.

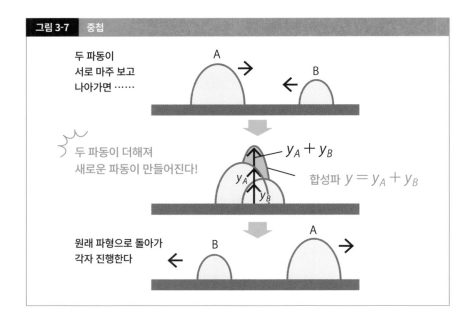

그림 3-7　중첩

두 파동이
서로 마주 보고
나아가면 ……

A →　← B

두 파동이 더해져
새로운 파동이 만들어진다!

$y_A + y_B$

합성파 $y = y_A + y_B$

y_A　y_B

원래 파형으로 돌아가
각자 진행한다

← B　　A →

이것을 '**파동의 중첩 원리**'라고 하고, 이때 합체한 파동을 '**합성파**'라고 합니다.

반사파

일반적으로 매질의 상태가 달라지는 경계에 닿으면 파동은 '반사'하는 성질을 가집니다. 이 반사로 만들어진 파동을 '반사파'라고 합니다.

기본적으로 **반사파란 '원래 통과했어야 할 입사파가 꺾여서 돌아와 만들어진 것'**입니다. 경계점의 매질 상태에 따라 '자유단 반사'와 '고정단 반사' 두 가지로 나뉩니다.

반사파 ① 자유단 반사

자유단이란 끝부분인 **'경계점의 매질이 자유롭게 움직일 수 있다'**라는 의미입니다. 이 경우 반사 과정은 **'원래 통과했어야 할 파동이 그대로 반사면에서 반사되는'** 것으로 그립니다.

아래에 '자유단 반사'와 그때의 입사파와 반사파의 '합성파'를 소개합니다(합성파는 굵은 색깔 선으로 그렸습니다).

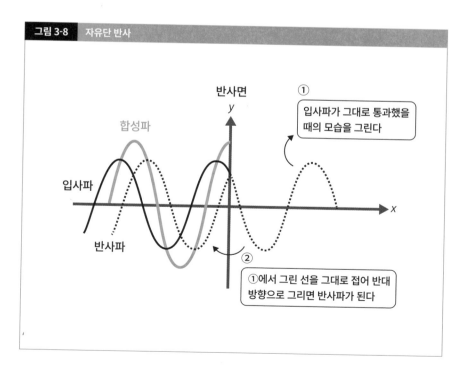

그림 3-8 자유단 반사

반사파 ② 고정단 반사

다음은 '고정단 반사'입니다. 고정단이란 끝부분인 **경계점의 매질이 고정되어 있다**라는 의미입니다.

고정단의 경우 반사는 '원래 통과했을 파동이 반사면에서 그대로 반사되는 것이 아니라 파동 변위(y 좌표)의 양과 음을 역전시킨 후 반사되도록' 그립니다. 아래에 '고정단 반사'와 그때 입사파와 반사파의 '합성파'를 소개합니다(합성파는 굵은 색깔 선으로 그렸습니다).

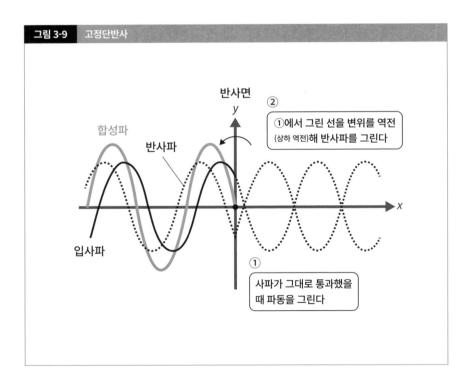

그림 3-9 고정단반사

경계점이 '고정'되어 있으므로 합성파의 경계점 변위는 '0'이 됩니다(참고로 '빛의 반사'는 반사 현상의 매우 뚜렷한 예입니다. 우리는 물체에 닿은 빛의 반사광이 눈에 들어오는 것을 보고 있습니다. 지금 여러분이 읽고 있는 책도 방의 조명에서 나온 빛이 책에 닿아 반사된 후 여러분의 눈에 들어가서 보이는 것입니다).

같은 파동이 역주해 형성하는 '정상파'

같은 파동이 만나서 생기는 파동

파장, 진폭, 속력이 같은 두 개의 파동이 서로 역방향으로 진행할 때, 합성파는 '정상파(또는 정재파)'라는 특수한 파동을 형성합니다. 완전히 똑같은 파동이 역주해 만나면 '정상파'라는 파동이 된다고 이해하면 됩니다.

정상파란 '보기에는 진동하지만, 움직이지 않는 파동'입니다. 아래 그림을 봐주세요.

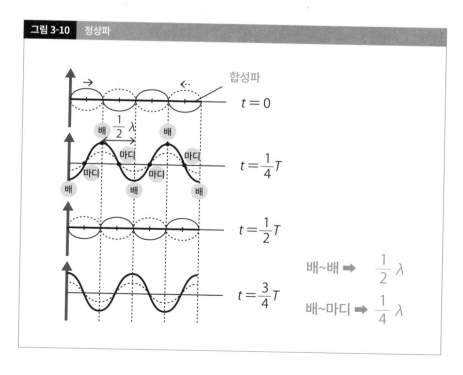

그림 3-10　정상파

그림 3-10에서 $t = 0$, $\frac{1}{4}T$, $\frac{1}{2}T$, $\frac{3}{4}T$ 로 시간이 변할 때를 확인해봅시다.

합성파인 굵은 선은 좌우 방향으로 진행하지 않고 일정 위치에서 상하 진동을 반복하는 파동이 되었습니다. 이것이 '정상파'입니다.

크게 진동하는 부분을 '배'의 위치, 전혀 진동하지 않는 부분을 '마디'의 위치라고 합니다. 그림 3-10에서 '배'와 '마디'는 번갈아 나열되어 있습니다.

입사파와 반사파의 합성파 = 정상파

중요한 사실이 한 가지 더 있습니다.

파장 진폭과 주기가 완벽히 같은 파동을 따로 만들어 마주 보고 진행하게 하는 것은 말처럼 쉬운 일이 아닙니다. 하지만 자연계에서는 쉽게 실현될 때가 있습니다. 바로 '반사'입니다. '반사'에는 크게 '자유단 반사', '고정단 반사' 두 가지가 있는데, 두 반사 모두 파장, 진폭, 주기가 똑같은 파장입니다.

하고자 하는 말은 **'입사파와 반사파의 합성파는 반드시 정상파를 형성한다'**라는 사실입니다.

여러 가지 물질이 가지는 진동

물체 고유의 진동

'고유 진동'을 쉽게 말하면 바로 악기 이야기입니다.

저는 고등학교 시절에 경음악 동아리에서 친구들과 밴드를 만들어 드럼을 맡았습니다. 드럼은 헤드라는 면을 스틱으로 두드려서 진동을 일으켜 소리를 냅니다. 드럼도 튜닝을 해야 하는데, 이른바 도레미 음을 맞추는 것이 아니라 헤드 면의 긴장도를 바꾸며 울리는 소리를 원하는 대로 조절합니다.

하지만 드럼 하나로 다양한 소리를 낼 수는 없습니다. 그래서 드럼 세트는 높은 소리가 나는 드럼, 낮은 소리가 나는 드럼 등 네 개에서 다섯 개로 구성되어 있습니다.

즉, 역학 물체에 의해 형성되는 음의 진동(소리의 높이)은 정해져 있습니다. 물체 각각이 가지는 진동수는 그 물체 고유의 진동수라는 의미로 '고유 진동수'라고 합니다. 역학적인 물체는 모두 '고유 진동수'를 가집니다. 고유 진동수를 잘 활용한 것이 '악기'입니다.

드럼처럼 면에서 발생하는 2차원의 진동을 수학적으로 다루고자 하면 무척 어려워지므로 여기서는 기타와 같은 현악기의 '현의 진동'과 클라리넷이나 리코더 같은 관악기의 '공기 기둥의 진동', 즉 1차원으로 정확하게 해석할 수 있는 파동을 다룹니다.

현에 전달되는 파동의 진동

현의 진동

우선 '현의 진동'부터 설명합니다. 길이가 l이고 양 끝이 마디인 조건을 만족하면서 그중에서 가장 파장이 긴 파동은 아래 그림과 같은 정상파입니다.

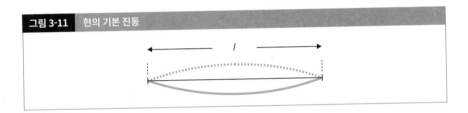

그림 3-11   현의 기본 진동

이때 현의 길이 l 안에는 반 파장의 파동이 들어가 있으므로, 파장을 λ_1이라고 하면 다음 식이 성립합니다.

$$l = \frac{\lambda_1}{2} \times 1$$

굳이 $\frac{\lambda_1}{2}$에 1을 곱했습니다. 이 파장이 가장 긴 고유 진동의 파동인 **'기본 진동'**입니다.

다음으로 파장이 긴 파동은 그림 3-12와 같습니다. 이번에는 l 안에 깔끔하게 하나의 파장이 들어가 있으므로 $l = \lambda_2$가 되는데, 다음 식처럼 표현해보았습니다.

$$l = \frac{\lambda_2}{2} \times 2$$

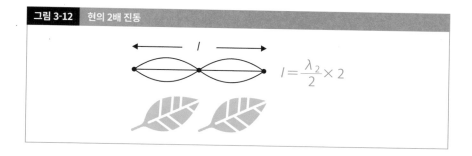

그림 3-12 현의 2배 진동

$l = \dfrac{\lambda_2}{2} \times 2$

기본 진동으로 만들어지는 모양의 수를 빠르게 알기 위해 이런 식으로 만들었습니다. 기본 진동으로 만들어지는 모양을 잎에 비유하면 위 그림의 진동은 잎이 2장입니다. 기본 진동으로 만들어진 진동 모양의 2배이므로 '2배 진동'이라고 합니다. 그다음은 '3배 진동', '4배 진동'으로 늘어갑니다.

그러면 n배 진동일 때는 어떨까요? 다음과 같습니다.

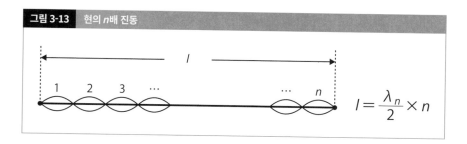

그림 3-13 현의 n배 진동

$l = \dfrac{\lambda_n}{2} \times n$

n배 진동일 때, 현의 길이 l과 λ의 관계식은 다음과 같습니다.

$$l = \dfrac{\lambda_n}{2} \times n$$

기본 진동인 잎 1장이 n배만큼 들어가 있다고 이해해주세요.

이제 진동수 f는 어떤 관계가 될지 생각해봅시다. 기본 진동의 l과 λ의 관계식에서 $\lambda_1 = 2l$이 됩니다. 현에 전달되는 파동의 속력을 v라고 하면 기본 진동의 진동수 f_1은 다음과 같습니다.

$$f_1 = \frac{v}{\lambda_1} = \frac{v}{2l}$$

n배 진동인 경우의 진동수 f_n도 똑같이 생각하면 다음과 같습니다.

$$f_n = \frac{v}{\lambda_n} = \frac{nv}{2l} = nf_1$$

이처럼 n배 진동인 경우의 진동수는 기본 진동의 n배가 됩니다.

현에 전달되는 파동의 속력

현에 전달되는 파동의 속력은 다음 식이 성립됩니다.

$$v = \sqrt{\frac{T}{\rho}}$$

T는 현을 당기는 장력, ρ(로)는 1[m]당 현의 질량이며 선밀도라고 합니다. 증명은 어렵지만, 의미는 간결합니다. $\sqrt{}$를 일단 무시하면, v는 장력 T에 비례하고 선밀도 ρ에 반비례하므로 '무거운 실이면 느리고, 강하게 당기면 빠르게 전달된다'로 해석합니다. 그러면 n배 진동은 다음식이 됩니다.

$$f_n = \frac{n}{2l}\sqrt{\frac{T}{\rho}}$$

음파의 진동수가 높으면 고음, 낮으면 저음으로 느낍니다. 음을 높게 하려면 **'현의 길이를 짧게 한다'**, **'현을 가늘게 한다(**ρ**를 작게 한다)'**, **'장력 T를 강하게 한다(**강하게 당긴다 = 조율)' 등의 방법이 있습니다.

통 안에 있는 공기 분자의 진동 '공기 기둥의 진동'

공기 기둥의 진동

고유 진동의 또 다른 예로 '공기 기둥의 진동'에 대해 알아봅시다.

이번에는 관악기 이야기인데, 악기가 아니라도 적용됩니다. 예를 들어, 빈 병의 입구에 숨을 불어넣으면 부- 하는 소리가 울리지요. 이 소리가 바로 '공기 기둥의 진동'입니다. 통이나 관 안에 있는 공기 분자를 매질로 한 진동이 공기 기둥의 진동입니다.

공기 기둥의 진동에는 크게 '한쪽 끝이 막힌 관(간단하게 폐관이라고 합니다)'과 '양쪽 끝이 열린 관(간단하게 개관이라고 합니다)' 두 가지 유형이 있습니다. 폐관은 '마개를 덮는다', 개관은 '마개를 덮지 않는다'라는 의미입니다.

일반적으로 폐관 쪽의 막힌 부분을 '바닥', 개관 쪽의 열린 부분을 '입구'라고 합니다. '바닥' 부근의 공기 분자는 고정되어 있고, '입구' 부근의 공기 분자는 자유롭게 움직일 수 있는 상태라고 가정합니다.

공기 기둥의 진동에서는 '바닥을 고정단 반사, 입구를 자유단 반사'로 봅니다. 다시 말해 '바닥은 마디, 입구는 배'인 정상파가 바로 공기 기둥의 진동입니다.

한쪽 끝이 막힌 관

현의 진동과 마찬가지로 일단 '기본 진동'의 모양을 제대로 알아봅시다.

바닥이 마디, 입구가 배인 정상파이면서 가장 파장이 긴 파동은 어떻게 될까요? 정답은 그림 3-14와 같습니다.

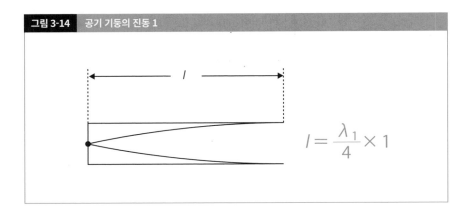

그림 3-14 공기 기둥의 진동 1

$$l = \frac{\lambda_1}{4} \times 1$$

이것이 기본 진동입니다.

모양을 보면 관 안에 $\frac{1}{4}$ 파장이 들어있습니다. 이때 관의 길이 l과 파장 λ_1에는 $l = \frac{\lambda_1}{4} \times 1$ 이라는 관계가 있습니다.

또 기본 진동 다음으로 파장이 긴 정상파는 다음 그림과 같습니다.

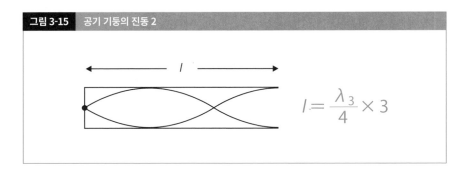

그림 3-15 공기 기둥의 진동 2

$$l = \frac{\lambda_3}{4} \times 3$$

기본 진동으로 만들어진 모양이 위 그림에는 세 개만큼 들어갑니다. 따라서 이것은 '3배 진동'입니다.

사실 이 '한쪽 끝이 막힌 관'에는 '홀수 배 진동'만 나타납니다. 즉, '3배 진동' 다음으로는 '5배 진동', '7배 진동'이 이어집니다.

'3배 진동'을 조금 더 살펴봅시다.

이때 파장 λ_3과 관의 길이 l의 관계식은 $l = \dfrac{\lambda_3}{4} \times 3$이 됩니다. '기본 진동으로 만들어지는 $\dfrac{1}{4}$파장이 세 개 들어가 있음'을 표현한 식에 지나지 않습니다.

조금 더 일반화해 $(2n-1)$배 진동을 생각해볼까요. 당연히 $(2n-1)$은 '홀수'를 의미합니다. 그림을 보고 설명하면, 다음처럼 되겠지요.

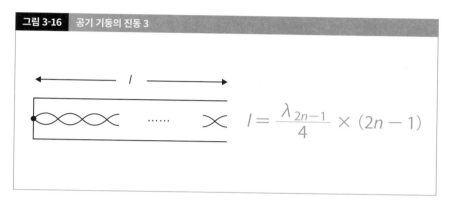

그림 3-16　공기 기둥의 진동 3

$$l = \frac{\lambda_{2n-1}}{4} \times (2n-1)$$

이때 l과 파장 λ_{2n-1}에는 관계식 $l = \dfrac{\lambda_{2n-1}}{4} \times (2n-1)$이 성립합니다.

이번에는 진동수 이야기로 넘어가 보겠습니다.

이 식에서 파장은 $\lambda_{2n-1} = \dfrac{4l}{(2n-1)}$ 이 됩니다.

이상에서 공기 기둥 내에 발생하는 음파의 속력을 V라고 하면 진동수 f_{2n-1}은 아래와 같습니다.

$$f_{2n-1} = \frac{V}{\lambda_{2n-1}} = \frac{V(2n-1)}{4l}$$

양쪽 끝이 열린 관

양쪽 끝이 열린 관은 그림 3-17과 같습니다.

입구가 양쪽 끝에 있어서 양쪽 끝이 '배'가 되는 정상파가 형성됩니다.

이상에서 '양쪽 끝이 열린 관'에서는 현의 진동과 마찬가지로 정수배 진동이 됩니다.

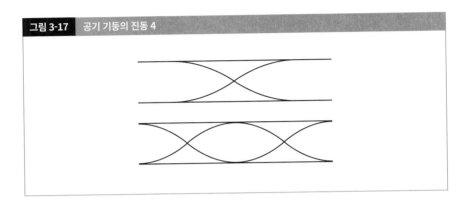

그림 3-17 공기 기둥의 진동 4

개구단 보정

'공기 기둥의 진동'에서는 입구가 정상파의 '배'가 된다고 했는데, 사실은 '배의 위치는 입구보다 조금 바깥에 존재한다'라는 사실이 실험적으로 알려져 있습니다.

즉, 실제로는 아래 그림과 같습니다.

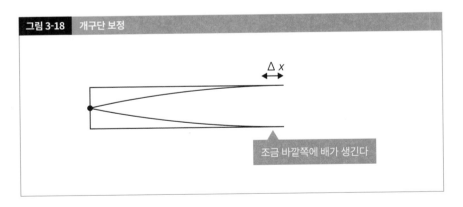

그림 3-18 개구단 보정

Δx

조금 바깥쪽에 배가 생긴다

위 그림의 관 입구에서 실제 배의 위치까지 짧은 거리 Δx를 '**개구단 보정**'이라고 합니다(관구 보정이라고도 합니다).

왜 구급차의 사이렌 소리는 지나가면 달라질까?

도플러 효과

'파동'의 마지막은 '도플러(Doppler) 효과'입니다.

오스트리아 출신 과학자 **크리스티안 도플러**의 이름을 딴 도플러 효과는 많은 사람이 흔히 경험합니다. 도로를 달리는 구급차를 자주 보기 때문이지요.

도로 한쪽을 걷고 있을 때 멀리서 구급차가 오면 '삐뽀삐뽀↗' 하는 높은 사이렌 소리가 들립니다. 그런데 구급차가 눈앞을 통과하고 나면 '삐이-뽀오-삐이-뽀오-↘'하고 갑자기 음정이 낮게 들리지요. 이 현상이 바로 '도플러 효과'입니다.

'현의 진동' 부분에서 말한 대로, 사람의 귀는 '진동수가 높으면 높은 소리', '진동수가 낮으면 낮은 소리'로 인식합니다.

물론, 구급차를 타고 있는 구급대원이 사이렌을 조절해 음정을 바꾸지는 않습니다. 자연스럽게 음정이 바뀝니다.

이 신기한 메커니즘을 해명해볼까요(도플러가 이 현상을 발견한 1840년대에는 아직 진동수를 정확하게 측정하는 기계가 없었기 때문에, 네덜란드의 **바위스 발롯**이라는 과학자가 기차에 음악단을 태워 소리를 내게 하고, 절대 음감을 가진 사람들에게 그 소리를 듣게 해 증명했다고 합니다).

결론부터 말하면, 도플러 효과가 발생하는 근본 원인은 **'소리의 속력은 유한하기 때문'**입니다. 더 단적으로 말하면 **'소리가 발사되고 나서 귀가 받아들일 때까지 시간 지연이 있다'**라는 말입니다.

소리의 속력은 다음 페이지의 식으로 유도할 수 있음이 실험을 통해 알려져 있습니다(사실 앞에서 말한 공기 기둥의 진동 실험 등에서 음속을 측정할 수 있습니다).

$$음속 \, V = 331.5 + 0.6t \, (t는 기온)$$

따라서 공기 중에서는 대략 340[m/s]가 됩니다.

이 사실들을 통해 구급차의 소리의 높이가 변하는 이유를 확인해봅시다.

먼저 시간 $t=0$에서 사람과 구급차가 거리 L만큼 떨어져 있습니다. 이때 구급차에서 '삐-뽀-'의 '삐' 소리가 났습니다.

그런데 소리는 즉각 사람의 귀에 도달하는 것이 아니라 속도 340[m/s]로 거리 L만큼 진행해야만 귀에 도달합니다. 즉, **$t=0$에서 나온 소리는 시간이 조금 지난 뒤 사람의 귀에 도달한다**는 말입니다. 그러면 그 '삐' 소리가 사람에게 도달한 시간을 $t=T_1$이라고 하겠습니다.

다음은 '삐-뽀-'의 마지막에 나는 소리인 '뽀'의 소리가 어떻게 도달하는지 생각해봅시다.

'뽀' 소리가 난 시간을 $t=\Delta t$라고 하면 구급차는 달리면서 사이렌을 울리므로 처음 '삐'의 소리를 낸 위치보다 사람에게 가까워진 장소에서 '뽀'를 냅니다. 즉, **'뽀' 소리가 사람에게 도달할 때까지 전파되는 거리는 '삐' 소리일 때보다 짧습니다.** 그러므로 '뽀' 소리가 구급차에서 나와 사람에게 도달할 때까지 걸리는 시간도 '삐' 소리에 비해 짧겠지요.

여기서 사람이 '뽀'의 소리를 들은 시각을 $t=T_2$라고 하겠습니다. 그러면 그림 3-19에서처럼 **구급차는 $\Delta t - 0 = \Delta t$[s]라는 시간 동안 '삐-뽀-' 소리를 냈겠지만, 사람은 더 짧은 시간인 $T_2 - T_1$[s] 동안에 '삐-뽀-' 소리를 듣게 됩니다.**

만약 이 시간이 '삐-뽀-'의 1주기라고 하면, 분명히 '구급차가 내는 삐-뽀-의 주기'보다 '사람이 듣는 삐-뽀-의 주기'가 짧아집니다. 주기가 짧다는 말은 진동수가 높다는 말이지요.

따라서 **구급차가 다가올 때는 '소리가 높게 들립니다.'**

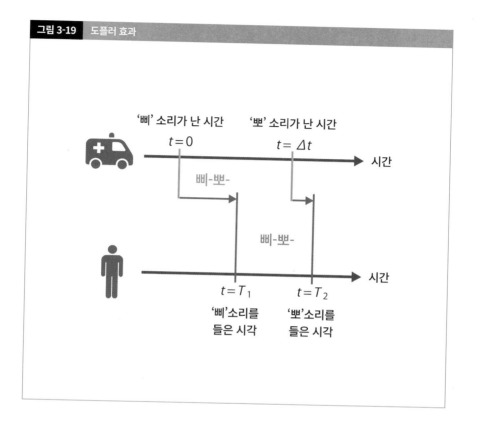

그림 3-19 도플러 효과

'삐' 소리가 난 시간

$t = 0$

'뽀' 소리가 난 시간

$t = \Delta t$

시간

삐-뽀-

삐-뽀-

시간

$t = T_1$

$t = T_2$

'삐'소리를
들은 시각

'뽀'소리를
들은 시각

도플러 효과의 식 유도

도플러 효과의 식을 유도해봅시다.

그림 3-20은 구급차가 오른쪽으로 속도 u로, 사람이 왼쪽으로 속도 v로 움직이는 상황입니다. 음속은 c입니다.

$t = 0$에서 거리 L만큼 떨어져 있을 때 소리가 발사되어, 사람이 $t = T_1$에서 들었을 경우, 소리가 진행한 거리는 cT_1, 사람이 진행한 거리는 vT_1이 됩니다.

그림에서 양쪽이 진행한 거리의 합계가 거리 L이므로, $L = cT_1 + vT_1 = (c+v)T_1$이 됩니다. 따라서 $T_1 = \dfrac{L}{c+v}$로 나타냅니다.

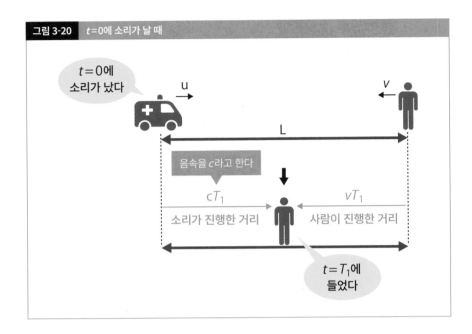

그림 3-20

$t=0$에
소리가 났다

u

v

L

음속을 c라고 한다

cT_1

vT_1

소리가 진행한 거리

사람이 진행한 거리

$t=T_1$에
들었다

또 그림 3-21에서처럼 $t=\Delta t$에 소리가 났다면 $t=0$에 떨어진 거리 L보다도 구급차와 사람의 거리가 줄었을 것입니다.

Δt[s] 동안 각각 $u\Delta t, v\Delta t$만큼 움직였으므로 $t=\Delta t$에 서로의 거리는 다음과 같습니다.

$$L - (u + v)\Delta t$$

$t=\Delta t$에 난 소리를 사람은 $t=T_2$에 들었다면, 소리가 진행한 거리가 $c(T_2-\Delta t)$, 사람이 진행한 거리가 $v(T_2-\Delta t)$가 됩니다. 이 진행한 거리의 합계가 $t=\Delta t$일 때 서로 간의 거리는 $L-(u+v)\Delta t$가 되므로 아래 식이 성립합니다.

$$(c + v)(T_2 - \Delta t) = L - (u + v)\Delta t$$

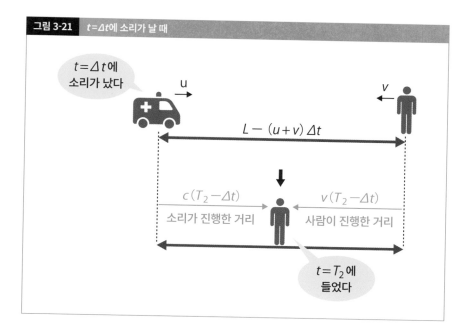

그림 3-21 $t=\Delta t$에 소리가 날 때

$t=\Delta t$에
소리가 났다

u

v

$L-(u+v)\Delta t$

$c(T_2-\Delta t)$
소리가 진행한 거리

$v(T_2-\Delta t)$
사람이 진행한 거리

$t=T_2$에
들었다

이 식을 정리하면 다음과 같습니다.

$$T_2=\Delta t+\frac{L-(u+v)\Delta t}{c+v}$$

즉, 구급차가 $\Delta t-0=\Delta t$[s] 동안 낸 소리를 사람은 다음 식의 시간 동안 듣게 됩니다.

$$T_2-T_1=\Delta t+\frac{L-(u+v)\Delta t}{c+v}-\frac{L}{c+v}=\frac{c-u}{c+v}\Delta t$$

이상에서 구급차가 소리를 낸 시간과 그것을 사람이 듣는 시간은 길이가 다르지만, 전체 듣는 음파의 양은 바뀌지 않습니다. 구급차는 '삐-뽀-'라고 소리 내는데 사람의 귀에는 '삐-'로만 들리는 일은 없으니까요.

구급차가 1[s] 동안 내는 소리의 수를 f[Hz], 사람이 1[s] 동안 듣는 소리의 수를 f'[Hz]라고 하면, 이것이 구급차와 사람의 진동수입니다.

전체 듣는 음파의 양이 바뀌지 않는다면 아래의 식이 성립합니다.

사람이 $T_2 - T_1$[s] 동안 들은 음파의 양 = 구급차가 Δt[s] 동안 낸 음파의 양

$$f'\frac{c-u}{c+v}\Delta t = f\Delta t$$

따라서 다음과 같습니다.

$$f' = \frac{c+v}{c-u}\,f$$

그래서 구급차가 가까워지는 경우는 진동수가 높아 고음으로 들리는 것입니다.

이 도출은 익숙하지 않으면 힘들 수도 있지만, 도플러 효과의 원인은 음속이 유한하고 도달할 때까지 시간이 걸리기 때문임을 기억해두세요.

도플러 효과는 소리만의 현상이 아니다

도플러 효과라고 하면 일상에서 구급차의 예로 실감하는 경우가 많으므로 '소리의 현상'이라고 오해하기 쉬운데, '파동'이라면 언제나 일어나는 현상입니다. '물의 도플러 효과'나 '빛의 도플러 효과'도 있는데, 특히 '빛의 도플러 효과'는 물리학에서 매우 중요한 주제로, 천체물리학에 크게 기여하고 있습니다.

도플러 효과의 활용 예

도플러 효과는 어디에 활용되고 있을까요? 바로 '움직이는 물체의 속도 측정'입니다.

야구에서 투수가 던진 공의 구속을 측정하는 '스피드 건'에 도플러 효과가 이용됩니다. 또 경

찰차가 속도 위반 차량을 잡는 데에도 도플러 효과를 활용하며, 의료 분야에서는 혈류 측정에도 활용합니다.

미국의 천체물리학자 **에드윈 허블**은 1929년에 은하에서 오는 빛에 대해 도플러 효과를 사용해 먼 은하일수록 지구에서 멀어지는 속도가 빠르다는 사실을 실험적으로 발견했습니다. 이 이론은 현재 가장 표준이 되는 우주 모델인 '빅뱅 이론'으로 이어집니다(참고로 에드윈 허블은 허블 우주망원경으로 유명합니다).

충격파

앞에서 구급차는 음속보다 느리다는 설정으로 생각했지만, 만약 파동이 전달되는 속도보다 파동을 내는 물체가 빠른 경우는 어떻게 될지 마지막으로 생각해봅시다.

여기서는 생각하기 좋게 수면의 물결 모습을 예로 듭니다. 수면의 같은 곳을 일정한 시간 간격으로 손가락으로 톡톡 만지면, 아래 그림처럼 '동심원상의 물결'이 나타납니다.

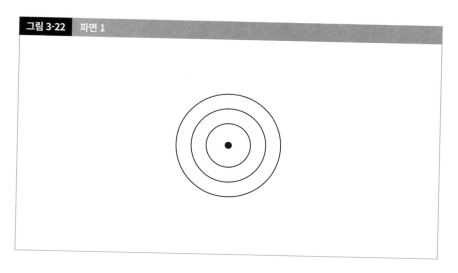

그림 3-22 파면 1

이번에는 손가락을 오른쪽으로 조금 느리게 움직이면서 톡톡 수면을 눌러보면 그림 3-23에서처럼 됩니다.

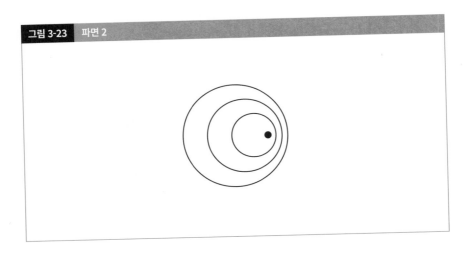

그림 3-23   파면 2

더 빠르게 손가락을 움직이면서 수면을 누르면 다음 그림처럼 삼각형 모양의 물결이 보입니다.

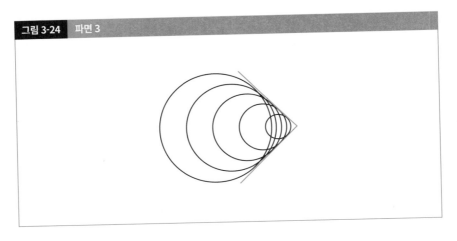

그림 3-24   파면 3

이것을 **충격파**라고 합니다. 배가 움직이거나 연못에서 오리가 헤엄치고 있을 때 보이는 선입니다. 또 초음속전투기는 음속보다 빠르게 움직이므로 공기 안에 이 충격파가 삼각뿔 위에 나타납니다. 그리고 전투기가 지나간 뒤에 폭발음이 들리지요.

제 4 장

전자기학

고전 물리학에 '장'이라는 새로운 관점이 탄생하다

지금까지의 역학에서는 설명할 수 없었던 '힘의 작용'

앞에서 '전자기파(빛)'는 수면의 물결이나 줄, 현, 소리 등의 파동 현상과는 발생 원리가 다르다는 사실을 알게 되어 '전자기학'이라는 분야가 확립되었다고 말했습니다.

다만, 역학, 열역학, 파동과 마찬가지로 **전자기학을 '물체의 입자 운동'으로 보고 역학적으로 접근해 이해할 수는 있습니다.**

전자기학에서 '입자'에 해당하는 것은 '전하'입니다. 역학에서 '질량 m[kg]'인 '물체'는 전자기학에서는 '전기량 q[C]'인 '전하'로 바꾸어 생각합니다.

그러면 전자기학은 지금까지의 역학이나 열역학, 파동과 무엇이 다를까요? 바로 **'장'이라는 개념이 새롭게 추가되었다**는 점입니다.

'전하(역학적 입자)'에 작용하는 힘의 발생 원리를 지금까지의 역학적 접근으로는 해명하지 못한다는 사실에 직면한 과학자들은 '다른 전하에서 힘을 받았다'가 아니라 '전기장이라는 공간(장)에서 힘을 받았다'라는 해석으로 변경했습니다.

이러한 큰 틀의 흐름을 생각하면서 전자기학의 구체적인 해설로 들어가봅시다!

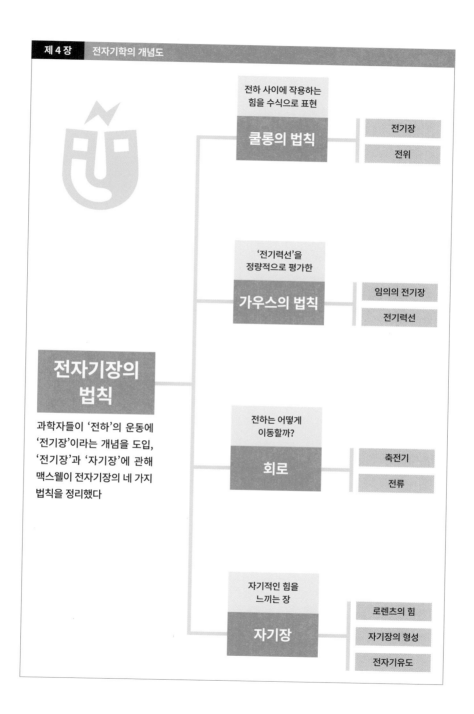

전하 사이에 작용하는
힘을 수식으로 표현

쿨롱의 법칙

전기장

전위

'전기력선'을
정량적으로 평가한

가우스의 법칙

임의의 전기장

전기력선

**전자기장의
법칙**

과학자들이 '전하'의 운동에
'전기장'이라는 개념을 도입,
'전기장'과 '자기장'에 관해
맥스웰이 전자기장의 네 가지
법칙을 정리했다

전하는 어떻게
이동할까?

회로

축전기

전류

자기적인 힘을
느끼는 장

자기장

로렌츠의 힘

자기장의 형성

전자기유도

183

전자기를 '입자의 움직임'으로 인식한다

전자기학도 '입자'를 다룬다

'전자기학'은 '사람의 눈에 보이지 않으므로 역학처럼 이미지를 떠올릴 수 없어 어렵다'라고 생각하는 사람이 많습니다.

사실 전자기학도 물체처럼 '어떤 입자'의 운동으로 보면 이해하기 쉽습니다. 왜냐하면 **전자기학에도 역학처럼 '입자의 운동에 대한 이론 체계'가 존재하기** 때문입니다.

'전자기학'에서 '어떤 입자'는 '전하'를 말합니다.

'역학'과 '전자기학'의 고찰 대상은 다음과 같습니다.

- 역학에서는 **질량** m[kg]인 **물체**를 고찰
- 전자기학에서는 **전기량** q[C]인 **전하**를 고찰

'질량과 전기량', '물체와 전하'라는 용어를 대응 관계로 생각해주세요(특히, 크기를 무시하는 물체는 '질점'이라고 부르고, 크기를 무시하는 전하는 '점전하'라고 부릅니다).

전기량의 단위는 [C(쿨롱)]입니다.

물론 '전하'에는 지금까지 역학에서 다루었던 '물체'와는 다른 성질도 있습니다. 전기량에는 양과 음, 플러스와 마이너스가 존재한다는 점입니다.

기본 전하량

'전하'의 양에는 '**기본 전하량**'이라는 최소 단위가 있습니다.

 일반적으로 기본 전하량은 e로 표현하고, 값은 다음과 같습니다.

$$e = 1.6 \times 10^{-19} \ [C]$$

 모든 전하는 이 기본 전하량 e의 정수배로만 존재합니다.

 미국의 물리학자 **로버트 밀리컨**의 '기름 방울 실험'이라는 유명한 실험에서 측정된 데이터의 결과에서, 입자에는 '최소 단위'가 있다는 모델이 지지받았습니다. 현재에는 다양한 입자를 쪼개 보면 결국 더 이상 나누어지지 않는 '최소 단위'에 다다른다고 생각합니다.

 다만, 이것은 원래 하나의 아이디어에 지나지 않았습니다.

 이 기본 전하량의 발견에서부터 시작한 '원자론', 나아가 '소립자론'이라는 개념이 자연계를 볼 때의 표준적인 시점이 되고 있습니다.

 요컨대, 전기량은 이 '기본 전하량'의 정수배로만 존재 가능하며 하나, 둘, 셀 수 있습니다. 그러나 그 최소단위인 '기본 전하량'이 너무 작아서 보통은 다양한 전기량이 존재한다고 인식합니다.

 예를 들면, 해변의 모래사장에서 '모래 산'을 만들 때, 다양한 크기의 '산'을 만들 수 있다고 생각합니다. 하지만 사실 그 다양한 '산'은 '모래알 하나'의 정수배로 만들어져 있습니다. '모래알 하나'가 너무 작아서 다양한 크기의 '산'을 만들 수 있다고 생각하는 것과 같습니다.

전하 사이에 작용하는 힘을 수식으로 표현한 '쿨롱의 법칙'

쿨롱의 법칙

전자공학은 '일렉트로닉스'라고도 합니다. 이 단어는 그리스어로 호박 보석을 의미하는 '일렉트론'에서 유래되었습니다. 현대에 전자라는 입자를 그대로 '일렉트론'이라고 하지요. 오래전부터 호박을 문지르면 주위의 티끌이나 먼지가 달라붙는 현상이 관측되었습니다. 전기적인 현상은 예로부터 잘 알려져 있었던 것입니다. 아래 그림처럼 '전하'에 음, 양이 있고 (+) 전하끼리 또는 (–) 전하끼리 서로 반발하며(척력), (+)와 (–) 전하는 서로 끌어당기는 힘(인력)이 작용한다는 사실은 알고 있었지요.

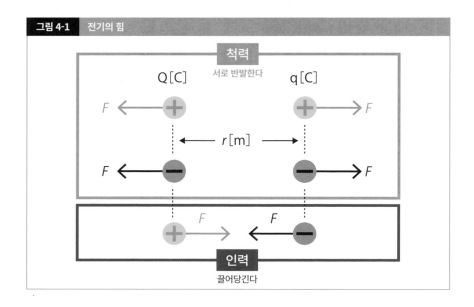

그림 4-1   전기의 힘

과학자들은 그 힘을 정량적인 수식으로 표현하는 데 무척 고전했습니다. 그리고 1785년경, 마침내 프랑스의 퇴역군인이기도 했던 **샤를 드 쿨롱**이라는 과학자가 실험을 통해 전하 사이에 작용하는 힘을 수식으로 표현하는 데 성공했습니다.

그것이 '쿨롱(Coulomb)의 법칙'입니다.

수식은 다음 형태가 됩니다.

$$F = k\frac{Qq}{r^2}$$

위 식을 보고 '뭔가 본 기억이 있는데……'라는 생각이 드는 분은 물리 지식이 잘 정착되고 있다고 보아도 좋습니다.

앞에서 위의 식과 같은 형식의 식이 이미 등장했습니다. 바로, '만유인력'입니다. '만유인력의 법칙'은 '쿨롱의 법칙'에서 약 100년을 거슬러 올라간 시기에 뉴턴이 발견했습니다.

쿨롱의 법칙이 발표되었을 때, '설마 전기적인 힘과 천체들이 서로 끌어당기는 힘을 같은 식으로 쓸 수 있을까'라는 생각으로 많은 사람들이 놀랐다고 합니다.

쿨롱의 법칙과 만유인력에는 다른 점도 있습니다.

만유인력 상수 G는 $G=6.67 \times 10^{-11}[Nm^2/kg^2]$이라는 매우 작은 상수인 데 비해, **쿨롱의 법칙의 비례 계수 k는 $k=9.0 \times 10^9[Nm^2/C^2]$으로 비교도 안 될 만큼 큰 값**입니다.

아마 쿨롱은 '전기의 힘도, 만유인력의 식으로 쓸 수 있겠다'라고 짐작하며 실험했을 것입니다. 이 전하에 작용하는 힘을 '**쿨롱 힘**'이나 '**정전기력**'이라고 합니다. 앞에서 말한 전기량의 단위 [C]는 쿨롱의 이름의 머리글자입니다. 쿨롱이 그만큼 전기 분야에 크게 공헌한 과학자라는 뜻이겠지요.

'전하의 운동'을 표현하는 공간 '전기장'

전기장

'쿨롱의 법칙'은 놀라운 발견이었지만, 한 가지 중대한 문제가 있었습니다. 바로 두 전하의 전기량 Q, q와 전하 간의 거리 r이라는 정보를 바로 알지 않으면 쿨롱의 법칙을 기술하지 못한다는 사실입니다. 어느 한쪽 전하의 위치가 인식되지 않으면 그 시점에서 이미 쿨롱의 법칙은 쓸 수 없습니다. 하지만 현실에서는 전하 q에 힘이 작용하고 있음을 관측할 수 있지요.

그래서 당시의 과학자들은 하나의 '아이디어'를 도입했습니다. **전하 q는 그 주위 공간에 의해 힘을 받았다**'라는 해석으로 변경하는 것입니다. 즉, **전하 q는 전하 Q에서 힘을 받았다**'가 아니라 **주위의 공간에서 힘을 받았다**'라는 말입니다.

공간에 어떤 성질이 있다고 볼 때, 그 공간을 '장'이라고 하고, '전하에 대해 쿨롱 힘을 작용시키는 성질을 가지는 공간'을 '전기장(또는 전계)'이라고 합니다.

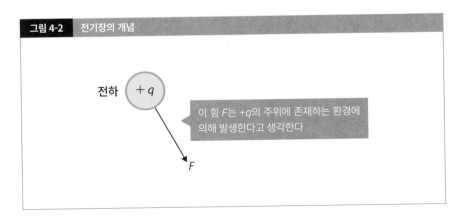

그림 4-2   전기장의 개념

전하 $+q$

이 힘 F는 +q의 주위에 존재하는 환경에 의해 발생한다고 생각한다

F

'장'이라는 아이디어는 물리학에 한정한 이야기가 아니라 우리의 일상생활 속에서도 평범하게 받아들일 수 있는 개념입니다. 예를 들어, 직장에서 누군가가 상사에게 지적받으면 '왠지 공기가 무겁다'라고 느껴지지요. '이 부서라는 공간'에 '공기가 무겁다, 분위기가 안 좋다'라는 성질을 부여했기 때문입니다.

조금 더 구체적으로 '전기장'에 대해 살펴볼까요?

'장'을 측정하고 평가하려면 '센서'가 필요합니다. 예를 들어, '이곳은 바람이 세다'라고 '바람이 있는 장'을 고려할 때, 풍력과 풍향을 측정하기 위해 '수탉 풍향계'나 '깃발 풍향계'를 설치하는 것처럼 '전기장'에도 센서가 있어야 하겠지요. 그것이 '1[C]의 전하'입니다.

전기장의 정의는 다음과 같습니다.

전기장 = 1[C]의 전하에 작용하는 힘

어떤 장소의 전기장을 알고 싶을 때, '1[C]의 전하'를 놓고 어느 정도의 힘이 어느 방향으로 작용하는지를 관측합니다. 여기서 사용하는 이 1[C]의 전하를 '**단위 전하**' 또는 '**시험 전하**'라고 합니다.

정의에서 단위도 알 수 있습니다. '1[C]에 작용하는 힘'이므로 단위는 [N/C]가 됩니다. 전기장은 영어로 Electric field의 머리글자 E로 표현합니다.

'1[C]에 작용하는 힘을 전기장 E'라고 하므로 이 전기장에 전하 q를 가지고 오면 쿨롱 힘 F는 다음 식과 같습니다.

$$F = qE$$

쿨롱의 법칙에 따라 전기장 E는 $E = k\dfrac{Q}{r^2}$입니다.

'전위'란 전기적인 위치 에너지

전위의 정의

앞에서 말한 대로 만유인력(중력)은 위치 에너지를 정의할 수 있는 '보존력'입니다. 그러므로 닮은 식인 쿨롱 힘에 대해서도 똑같이 말할 수 있습니다.

쿨롱 힘에 의한 위치 에너지는 '전위'라고 합니다. 전기적인 위치 에너지이므로 '전위'라고 하지요. 전위는 흔히 V라는 기호를 사용합니다.

전위 V의 정의는 다음과 같습니다.

전위 V = 1[C]의 전하가 가지는 위치 에너지

여기서도 '1[C]의 전하'가 등장합니다. 1[C]의 전하를 사용하는 이유는 다루기 쉽기 때문입니다.

'1[C]의 위치 에너지'이므로 단위는 [J/C]입니다. 전위의 단위는 [V]로 바꾸어 쓰기도 합니다. 이 단위가 일상적으로 더 친숙하지요.

원래 '위치 에너지'는 '약속된 일'이므로, 1[C]의 전하에 작용하는 힘이 어떤 위치에서 기준까지 하는 일을 전위라고 합니다.

물론, '1[C]의 전하에 작용하는 힘'이란 앞에서 말한 '전기장'이므로 **전기장 E라는 힘으로 어떤 위치에서 기준까지 하는 일**로 생각하면 됩니다.

그러면 전위의 식을 다음에서 유도해보겠습니다(만유인력의 위치 에너지와 마찬가지로 적분 계산이므로 넘어가도 괜찮습니다).

1[C]의 전하를 어떤 전위 r에서 무한대 ∞까지 가지고 갈 때의 일을 계산합니다.

그림 4-3 전위의 계산

$$V = \int_r^\infty E\,dr$$

$$= \int_r^\infty k\frac{Q}{r^2}\,dr$$

$$= \left[-k\frac{Q}{r}\right]_r^\infty$$

$$= -k\frac{Q}{\infty} - \left(-k\frac{Q}{r}\right) = k\frac{Q}{r}$$

따라서 $V = k\frac{Q}{r}$

이 역시 형태는 만유인력의 위치 에너지와 비슷합니다.

참고로 '전위'와 혼동하기 쉬운 단어로 '전압'이 있습니다. 단위는 똑같이 [V]이지만, '전압'은 '전위차'라고도 하며 '전위의 차이'를 뜻하므로 주의하세요. 전압 100[V]인 전지는 전지의 양극과 음극 사이에 100[V]의 전위차가 있습니다(전지의 전압은 기전력이라고 합니다). '전위와 전압'은 '키와 키 차이'의 관계와 비슷합니다.

정전기 에너지

1[C]의 전하가 가지는 위치 에너지가 전위 V이므로 'q[C]의 전하의 위치 에너지'는 V의 q배가 됩니다.

이렇게 전하가 가지는 위치 에너지를 일반적으로 정전기 에너지 U라고 합니다.

끝으로 지금까지 등장한 식을 아래 표에 정리했습니다.

| 그림 4-4 | 정리 | | |

	$+q\,[\mathrm{C}]$ 의	$+1\,[\mathrm{C}]$ 의	
힘	$F = k\dfrac{Qq}{r^2}$ (쿨롱 힘)	$E = k\dfrac{Q}{r^2}$ (전기장)	➡ $F = qE$
위치 에너지	$U = k\dfrac{Qq}{r}$ (정전기 에너지)	$V = k\dfrac{Q}{r}$ (전위)	➡ $U = qV$

위 표에 여섯 개의 식이 있는데, 이들을 모두 암기하는 일은 의미가 없습니다.

여기서 먼저 알아두어야 할 것은 '쿨롱 힘'의 식, 즉 '쿨롱의 법칙'뿐입니다. 다른 다섯 개는 '쿨롱 힘'이나 정의에서 유도할 수 있습니다. 역학과 비교하면 전자기는 물리량이 많으므로 처음에는 '식이 많이 나와 기억하기 힘들겠다'라며 당황하는 사람이 많지만, 사실 외워야 할 식은 거의 없습니다.

전자기장의 네 가지 법칙을 나타내는 '맥스웰 방정식'

장의 형성

앞에서 '전하'의 운동에 대해 '전기장'이라는 개념을 도입했다고 말했습니다. 전자기학에는 한 가지 더 '자기장(자계라고도 합니다)'이라는 '장'도 있습니다.

전자기 현상에서 '전기장'과 '자기장' 두 가지가 가장 중요합니다. 가장 중요한 정도가 아니라 현대 물리학에서는 모든 존재를 '장'의 관점에서 보려고 합니다. 즉, 전자기 현상에서 '전기장'과 '자기장'을 통합해 '전자기장'이라고 하는데, 전자기장이 우주 공간에 어떻게 형성되는지를 정리하면 전자기 현상은 완성됩니다.

이 단계에서 정리하기 전에 우선 '장'이 '어떻게 만들어지는지' 간단하게 확인해봅시다.

우선 **'장'이란 '흐름'을 표현하는 물리량**입니다. '흐름'에는 반드시 무엇인가 원인이 있습니다.

'흐름'을 만드는 방법은 크게 다음 두 가지가 있습니다.

- 어떤 장소에서 '솟아 나오거나 빨아들이면서' 만들어진다
- 어떤 장소 주위를 '빙글빙글 돌면서' 만들어진다

그림 4-5에 물이 가득한 수영장을 간단히 그려보았습니다.

물의 '흐름'을 어떻게 만들면 될까요?

먼저 '수도꼭지'를 설치해 물을 틀고 흐름을 만드는 방법이 있습니다. 아니면 배수구의 마개

를 열어 그쪽으로 물이 빨려 들어가게 해서 흐름을 만드는 방법도 있습니다. 이것이 **'솟아 나오고(용출), 빨아들이는(흡입) 장'**이 됩니다. 대학 이후의 물리에서는 '용출, 흡입(더 일반적으로는 발산이라고 합니다)'을 *div*(divergence)라는 벡터 해석의 기호를 사용해 표현합니다.

수도꼭지를 닫고 배수구 마개도 막은 경우, 다른 '흐름'을 만드는 방법은 없을까요? 있습니다. 손을 넣어 빙빙 돌리며 저어주면 '흐름'이 만들어집니다. 이것을 **'회전의 장'**이라고 표현합니다. 대학에서는 *rot*(rotation)라는 기호를 사용해 기술합니다.

그림 4-5	장의 형성

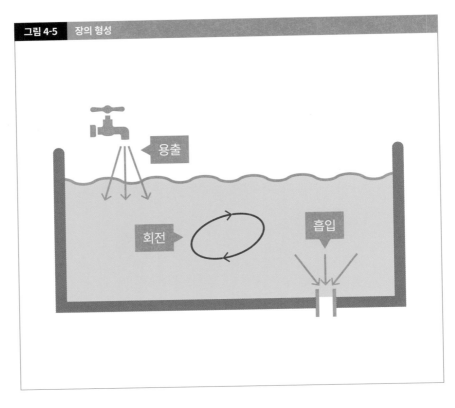

이상에서 '장'이 만들어지는 방법은 크게 '용출과 흡입' 또는 '회전'으로, 두 가지가 있음을 알았습니다. 그러면 '전자기장의 법칙'은 몇 가지가 있을까요? 전자기 현상은 '전기장'과 '자기장'이라는 두 종류의 '장'으로 나누고, 그 '장'을 만드는 방법도 각각 두 가지가 있다고 보면, 체

계적으로 정리가 됩니다. **'전기장은 어디서 솟아 나오고 어디로 빨려드는가?', '자기장은 어디서 솟아 나오고 어디로 빨려드는가?', '전기장은 어디 주위를 빙빙 회전하는가?', '자기장은 어디 주위를 빙빙 회전하는가?' 이상 네 가지가 전자기장의 법칙입니다.**

이 법칙을 밝히고자 시행착오를 거듭한 영국의 과학자 **제임스 클러크 맥스웰**의 이름을 따서 전자기장의 네 법칙을 **맥스웰(Maxwell) 방정식**이라고 합니다.

맥스웰 방정식

맥스웰 방정식의 내용을 알아봅시다.

갑작스럽겠지만 다음이 맥스웰 방정식의 개요입니다.

《**맥스웰 방정식**》

① 전기장은 양전하에서 나오고 음전하로 들어간다

② 자기장은 N자하에서 나오고 S자하로 들어간다

③ 전기장은 자기장의 변화에 따라 주위를 회전한다

④ 자기장은 전기장의 변화에 따라 주위를 회전한다

포인트는 '왜'가 아니라 '이렇게 생각하면 체계적으로 정리된다, 그러므로 사람들은 이것을 전자기장의 기본 법칙으로 받아들인다'라는 점입니다.

①은 '전기장의 수도꼭지에 상응하는 것이 양전하(+전기)이며, 배수구에 상응하는 것이 음전하(–전기)'임을 의미합니다.

과학자들은 '전기장에 용출과 흡입이 있다면, 자기장 역시 마찬가지일 것이다!'라고 생각했습니다. 그래서 '자기장의 용출과 흡입'에 상당하는 것을 발견하기 전에 'N자하, S자하'라고 이름 붙였습니다(②).

하지만 전자기학의 목적은 '전하'의 운동을 밝히는 일이라고 앞에서 말했습니다. '자하'라는 단어는 지금까지 한 번도 등장하지 않았습니다. 사실 '자기장의 용출과 흡입'이 있다면 그것들을 '자하'라고 부르겠지만, 지금까지 사람들은 '자하'를 발견하지 못했습니다. 따라서 맥스웰 방정식에서는 '자기장에서는 나오고 들어가는 것은 존재하지 않는다'라는 것을 법칙화할 수밖에 없었습니다.

물론, 지금까지 '자하'를 찾으려는 과학자는 전 세계에 많았지만, 아직 발견하지 못했습니다. 그래서 전자기 현상에는 '자하'는 직접적으로 등장하지 않고, '전하'에 의한 현상이 전자기학의 내용이라고 일반적으로 인식되고 있습니다.

③에 대해서도 알아볼까요? 역사적으로는 먼저 ④를 덴마크의 **외르스테드**라는 학자가 실험을 통해 발견했습니다. 많은 분들이 초등학교나 중학교 때 '도선에 전류를 흐르게 하면 도선 주변에 있는 나침반의 바늘이 움직인다'라는 실험을 해보셨겠지요. 이것이 바로 '④ 자기장은 전기장의 변화에 따라 주위를 회전한다'라는 이야기입니다. '전기장'은 전하에서 솟아 나오고 빨려들기 때문에 전하가 움직이면 '전기장의 변화'가 생깁니다. 전하가 움직이는 경우 그것을 '**전류**'라고 합니다(전류에 대해서는 뒤에 상세하게 설명합니다).

그에 이어 '반대로, 자기장의 변화를 만들면 전기장이 돌지 않을까'하고 생각한 과학자가 있었습니다. 영국의 **마이클 패러데이**입니다. 패러데이는 도선을 감은 코일 근처에서 자석을 움직이면 코일 내에 전류가 발생한다는 사실을 실험으로 확인했습니다. 사실 이것이 ③의 내용이며, 나중에 배울 '전자기 유도'의 내용으로 이어집니다.

즉, **맥스웰 방정식이라는 무척 거창한 이름이 붙어 있는 법칙이지만, 그 내용은 대부분 (②를 제외하고) 초등학교, 중학교에서 한번은 접해본** 이론입니다.

참고로, 초기의 맥스웰 방정식은 식의 정리 방법이 다소 허술했습니다. 현재 알려진 맥스웰 방정식으로 정리한 사람은 주파수의 단위에 이름을 남긴 독일의 물리학자 **하인리히 헤르츠**입니다.

'전기력선'을 정량적으로 평가한 '가우스의 법칙'

패러데이의 시도

맥스웰 방정식의 ① '전기장은 양전하에서 나오고 음전하로 들어간다'에 대해 상세히 살펴보 겠습니다. 앞에서 등장한 마이클 패러데이는 전기장이 양전하에서 나오고, 음전하로 들어간 다는 상황을 시각적으로 표현하려고 했습니다. 패러데이는 초등학교밖에 나오지 않아 제대로 된 수학 교육을 받을 기회가 없었기 때문에, 수식으로 표현하는 기술이 거의 없었고 '그림'을 통해 시각적으로 접근하며 전자기 현상을 보았습니다.

　패러데이가 활약한 19세기 초에는 이미 어느 정도의 수학적 토양이 형성되어 있었기 때문 에, 수학을 쓰지 않고 과학을 연구하는 일은 아무도 상상하지 못했습니다. 패러데이는 과학 역 사에서 보기 드문 예외적인 인물로, 수학의 힘에 거의 의존하지 않고 전기장의 모습을 머릿속 에 그렸던 사람입니다. 다음 그림을 보세요.

그림 4-6　전기력선

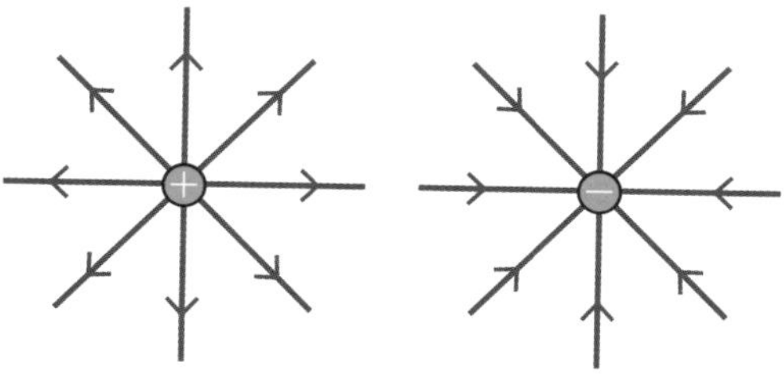

패러데이는 전기장의 모습을 '전기력선'이라는 가상의 선을 이용해 시각적으로 표현했다

그는 **전기장의 모습을 앞의 그림처럼 가상의 선으로 모델링하고, '전기력선'이라고 부르며 시각적으로 표현**하는 데 성공했습니다. 이 '장'을 가상의 선으로 나타내려는 아이디어가 패러데이의 발명입니다.

이 '장'을 가상으로 나타내는 선은 전기장을 표현하는 '전기력선'보다도 자기장을 표현하는 '자기력선'이 익숙할 수도 있겠습니다. 많은 분이 아래 그림 같은 자석의 그림에서 자기장(자계)을 표현하는 '자기력선' 그림을 본 적이 있을 것입니다.

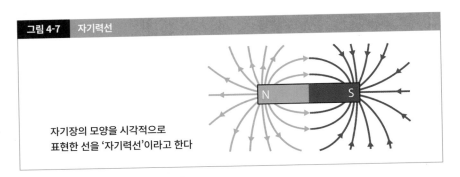

그림 4-7 자기력선

자기장의 모양을 시각적으로
표현한 선을 '자기력선'이라고 한다

가우스의 법칙

이 '전기력선'에 주목한 과학자가 있습니다. 독일의 과학자 **칼 프리드리히 가우스**입니다. 패러데이와는 반대로 가우스는 수학 천재였습니다. 아니, 천재라는 단어가 가볍게 들릴 정도의 대수학자, 물리학자입니다. 그의 이름을 딴 법칙이나 정리도 많이 있습니다.

여기서는 가우스의 공적 중 하나인 '전기력선'을 수학적으로 정량평가하는 '가우스(Gauss)의 법칙'을 소개합니다. 가우스는 '전기력선'의 '수'에 주목해 다음을 주장했습니다.

> 전기장 E인 장소에서는 단위면적($1[m^2]$)당 E개의 전기력선이 나온다. 그리고 전체 면적에서 나오는 전기력선의 **총수는 전하 Q에 비례**한다.

구체적인 예로, 점전하(크기를 무시한 전하) Q에서 나오는 전기력선을 생각해봅시다.

'가우스의 법칙'은 '전하를 빙 둘러싼다'라는 점이 포인트입니다. 둘러싼 면적에서 몇 개의 전기력선이 나오는지를 알아봅시다.

그러면 다음과 같습니다.

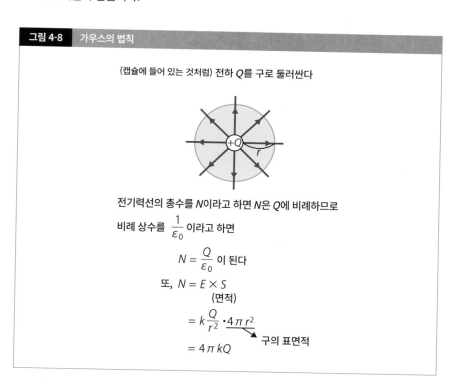

그림 4-8   **가우스의 법칙**

(캡슐에 들어 있는 것처럼) 전하 Q를 구로 둘러싼다

전기력선의 총수를 N이라고 하면 N은 Q에 비례하므로

비례 상수를 $\dfrac{1}{\varepsilon_0}$ 이라고 하면

$$N = \frac{Q}{\varepsilon_0} \text{ 이 된다}$$

또, $N = E \times S$
(면적)

$$= k\frac{Q}{r^2} \cdot 4\pi r^2 \underrightarrow{\quad}$$
구의 표면적

$$= 4\pi kQ$$

'가우스의 법칙'은 다음 형태로 흔히 사용합니다.

$N = \dfrac{Q}{\varepsilon_0}$ 이고 $N = E \cdot S$ 이므로

$E = \dfrac{Q}{\varepsilon_0 S}$ 이다.

(ε_0을 진공의 유전율이라고 한다)

금속 내의 전자는 어떻게 이동할까?

금속이라는 물질

전자기학의 기본을 익혔으니 '전기 회로' 이야기로 넘어가보려고 합니다.

회로를 구성하는 부품을 '회로 소자'라고 합니다. '축전기'라는 회로 소자를 알아보기 전에, 먼저 '금속', 넓은 의미로 '도체'라고 불리는 물질부터 설명하겠습니다. 왜냐하면 '축전기'를 만들기 위해 금속을 사용하기 때문입니다.

여기서는 금속의 화학적인 성질인 금속 결합(또는 밴드 이론) 이야기로는 들어가지 않습니다. 조금 더 큰 범위에서 금속이라는 물질을 생각해보면 아래와 같이 표현할 수 있습니다.

> 금속이란 '내부에 자유 전자(유도 전자라고도 한다)를 실질적으로 무수히 많이 소지하고 있는 물질'이다

전자는 마이너스 전하를 띤 입자입니다.

전자의 전기량은 $-e = -1.6 \times 10^{-19}$[C]로, 흔히 e^-라는 기호로 표기합니다.

자유 전자는 그 이름대로 '자유롭게 움직이는 전자'라는 의미입니다. 즉, 아무렇게나 움직이는 상태의 음전하가 내부에 대량으로 들어 있는 물질을 우리는 금속이라고 인식한다고 보면 됩니다.

'자유 전자'를 (이상적으로 말하면) 지니지 않는 물질을 '절연체' 또는 '부도체', '유전체' 등으로 부릅니다.

정전기 유도

'금속'의 주요 성질인 '정전기 유도' 현상을 알아봅시다.

아래 그림처럼 원래 방향이 아래쪽인 '전기장'이 있을 때, 그곳에 금속을 꽂으면 어떤 일이 생길까요?

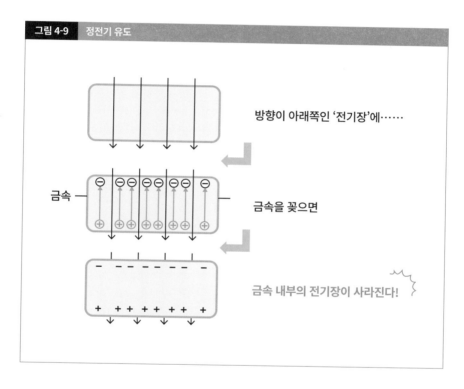

그림 4-9 정전기 유도

방향이 아래쪽인 '전기장'에……

금속을 꽂으면

금속 내부의 전기장이 사라진다!

금속

금속을 꽂으면 전기장에 의해 금속 내의 자유 전자가 쿨롱 힘을 받아 그림처럼 위쪽으로 이동하고, 금속 내부에서는 위쪽에 음전하가, 아래쪽에 양전하 분포가 나타납니다. 그러면 원래 있던 전기장(아래 방향)과 정전기 유도로 인해 금속 내부에 생긴 전기장(위 방향)이 상쇄되어 금속 내의 전기장은 0이 됩니다. 전기장이 0이면 쿨롱 힘에 의한 일도 0이므로, 금속 내에는 '등전위(전위가 어디서나 같다는 의미)'가 됩니다.

축전기와 전기 용량의 관계

전하를 저장하는 장치 = 축전기

축전기는 '무척 복잡하고 난해한 실험 기구'라고 생각하기 쉽지만, '단순히 전하가 이동해 분포하는 장치'일 뿐입니다.

축전기의 정의는 다음과 같습니다.

> 축전기 = 두 개의 도체 사이에서 어떤 방법으로 전하의 이동을 일으키고 그 전하가 분포한 상태를 유지하는 것

살짝 어렵게 보이지만, 무척 단순합니다.

어릴 때 담요에 머리를 비벼 머리카락을 서게 했던 경험이 있으신가요? 사실 이것도 넓은 의미로는 축전기입니다. 비비는 행위로 전자의 이동이 발생해 담요에 음전하가, 그리고 머리카락에 양전하가 분포하고 그 전하들이 쿨롱 힘으로 서로 끌어당겨 머리카락이 서지요. 전하가 분포한 상태를 '축전기'라고 말하는 것입니다(물론, 담요와 머리카락이 도체는 아닙니다).

구체적으로 그림 4-10과 같은 축전기를 살펴봅시다.

축전기는 도체 사이에서 전하의 이동을 일으켜야 합니다. 방법은 전지(전원) 사용이 일반적입니다.

전압(기전력)이 V[V]인 전지와 평행 금속판을 두 장 사용해 아래쪽에서 위쪽의 도체판으로 Q[C] 이동했을 때를 생각해봅시다. 이때 '축전기에는 Q[C]의 전하가 축적되어 있다'라고 말합니다.

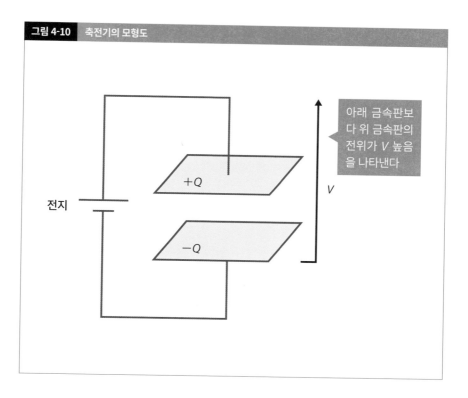

그림 4-10 축전기의 모형도

전지

+Q

−Q

V

아래 금속판보
다 위 금속판의
전위가 V 높음
을 나타낸다

이상적인 축전기에서는 도체판(금속판)의 전하는 대면으로 크기가 같고 부호는 반대가 됩니다. 전지라는 도구에 대해서도 잠깐 살펴보겠습니다.

예를 들어, AA 건전지의 전압을 V=1.5[V] 등으로 흔히 말하는데, 사실 전지는 단순히 전위가 높은 곳을 뜻하는 말이 아니라, '음극에서 양극으로 양전하를 이동시켜 전하에 대해 V의 일을 하는 도구'입니다.

그러면 이때 축전기를 제대로 다루기 위해서 다음 물리량을 정의하겠습니다.

저장된 전하 Q와 걸려 있는 전압 V의 비, 즉 $\frac{Q}{V}=C$라고 하고, 이 C를 '**전기 용량**'이라고 이름 붙였습니다. 이를 통해 축전기의 기본 식인 'Q=CV'를 구하는데 이 식은 어디까지나 전기 용량이라는 용어의 정의 식입니다. 물론, 전기 용량 C의 단위는 식에서 [C/V]이지만, 다른 단위로 [F(패럿)]이라고도 합니다. 이것은 마이클 패러데이의 이름에서 땄습니다.

그런데 왜 이름이 '전기 용량'일까요?

축전기에 걸린 전압 V가 일정할 때, 저장된 전하 Q가 크면 C도 커지고, 전하 Q가 작으면 C도 작아집니다. 즉, '전하 저장의 용이성'을 수치화한 물리량이므로 '전기 용량'이라고 합니다.

전기 용량을 결정하는 요인

도대체 전기 용량은 무엇에 따라 정해지는 값일까요?

여기서는 그림 4-11과 같은 축전기가 진공 중에 있다고 합시다. 그러면 '전기 용량'은 다음 세 가지 요인으로 결정되는 값이라고 유추합니다.

① 금속판의 면적 $S[m^2]$

② 금속판 사이의 거리 $d[m^2]$

③ 금속판 사이의 물질 유무

축전기는 전하를 저장하는 장치입니다. 전하는 맨눈에는 보이지 않는 미세 입자이지만, 질량도 있고, 크기도 있습니다. 그러므로 금속판의 면적이 클수록 더 축적하기 좋습니다.

'축전기'를 주차장으로 바꾸어 생각하면, 당연히 주차장의 공간이 넓을수록 차가 많이 들어가겠지요. 비슷한 상황으로 생각하면 면적 S에 비례한다는 말이 이해됩니다.

다음은 금속판 사이의 거리입니다. 축전기가 어떻게 전하를 저장하는지 한번 더 생각해봅시다.

참고로 전지 때문이 아닙니다. 전지는 어디까지나 '전하를 움직이는 능력'을 갖추고 있을 뿐 전하를 저장하는 성질은 가지고 있지는 않습니다.

이상적인 축전기에서 두 장의 금속판 사이의 전하는 반대 부호임을 이미 알려드렸습니다. 즉, 플러스와 마이너스 전하가 금속판에 분포하면서 서로 쿨롱 힘으로 끌어당기기 때문에 전하가 계속 쌓이는 상황이 유지됩니다. 결론적으로 두 장의 금속판이 가까우면 끌어당기는 쿨롱 힘이 세고, 전하를 저장하기 더 좋습니다.

여기서는 축전기를 진공 중에 놓는 설정인데, 금속판 사이에 절연체 같은 물체를 삽입한 경우에도 전하 분포의 모양은 달라진다고 생각할 수 있습니다.

그림 4-11 전기 용량

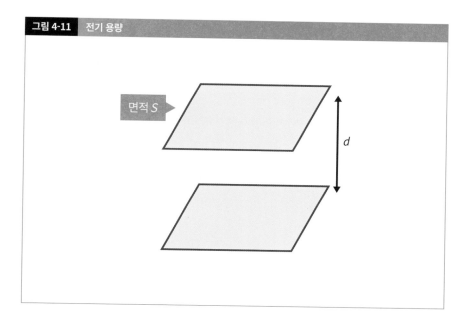

이상에서 '전기 용량 C'는 면적 $S[m^2]$에 비례하고 거리 $d[m]$에는 반비례합니다.

비례계수가 금속판 사이에 물질이 있는지 없는지에 따라 정해지는 값 ε(엡실론)이라고 하면 $C = \varepsilon \dfrac{S}{d}$ 라는 식이 성립합니다.

전하의 대행진 '전류'

전하의 흐름 = 전류

'전류'는 익숙한 단어지만, 정의를 말하라고 하면 정확하게 답하기가 어렵습니다.

물리학적으로 전류는 다음과 같이 정의합니다.

> 전류 = 단위 시간 (1[s]) 동안 도선의 단면을 통과하는 전기량

1[s] 동안 몇 [C]의 전기량이 통과하는가, 이므로 단위는 [C/s]이지만 [A(암페어)]라고 바꾸어 부르기도 합니다. 이 단위는 앙페르라는 사람의 이름에서 따왔습니다. 기호로는 흔히 I를 씁니다.

전류의 방향은 우선 '양전하가 움직이는 방향'으로 정의했습니다. 그런데 이 일이 옛날 과학자의 실수였다는 비난을 자주 받습니다. 이렇게 정의하고 약 100년이 지난 뒤에 실제로 도선 내에서 움직이는 것이 '음의 전하인 자유 전자'임이 판명되었기 때문입니다.

물론, 그 시점에서 방향에 대한 정의를 바꿀 수도 있었겠지만, 100년이나 지나는 동안 실수는 '방향뿐'이었기 때문에 '전류라는 개념은 그대로 인정하자. 단, 실제로 움직이는 것은 자유 전자임을 알아두자'라는 이야기로 마무리되었습니다.

전류의 방향에 대해서 조금 더 깊이 들어가보겠습니다.

'양전하가 움직이는 방향'은 '도선 안에 생긴 전기장의 방향'과 일치합니다. '전기장의 방향'이란 '전위가 높은 쪽에서 낮은 쪽으로의 방향'입니다. 결국, 전지를 사용해 '전압(전위차)'을 만들어야 전류가 흐릅니다. 게다가 폭포가 흐르듯이 '높은 곳에서 낮은 곳으로'입니다.

전자의 운동을 모델화해 전류 I의 크기를 평가해봅시다.

아래 그림을 봐주세요. 도선을 매우 크게 확대한 모형도입니다.

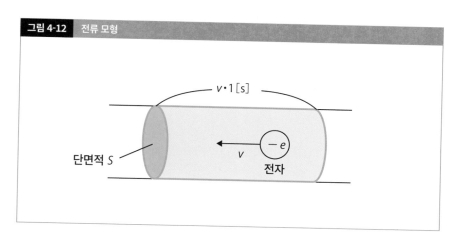

그림 4-12 전류 모형

여기서 전자는 $-e$[C], 속도는 v[m/s]로 움직이며 도선의 단면적이 S[㎡]이고 자유 전자 밀도는 n[개/㎥]이라고 하겠습니다. 자유 전자 밀도란 도선 1[㎥]에 몇 개의 전자가 들어 있는지를 수치화한 것입니다.

이 모형에서는 위 그림의 굵은 선 부분에 존재하는 전자가 단면 S를 1[s] 동안 통과하는 것입니다. 굵은 선 부분에 들어 있는 전자의 개수는 '전자 밀도 n'과 '굵은 선 부분의 부피 Sv'의 곱이므로 nSv개입니다.

따라서 다음과 같은 수식으로 전류 I의 크기를 표현합니다.

《전류 I의 크기》

$I =$ (한 개의 전기량) × (총수)

$\quad = |-e| \times nSv$

$\quad = enSv$

저항과 전류로 전압을 구하는 '옴의 법칙'

'옴의 법칙'의 배경

'옴(Ohm)의 법칙'은 문과, 이과를 가리지 않고 인지도가 높은 용어입니다. 중학교 과학에도 나오니 기억하시겠지요.

바로 '$V=IR$'이라는 식입니다. 여기서는 이 식이 발생한 배경을 보겠습니다.

열쇠 수리공의 아들로 태어난 독일의 물리학자 **게오르크 시몬 옴**은 학교에서 교사로 일했습니다. 방과 후, 근무하던 학교의 과학실에서 손수 만든 실험 기구를 사용해 다양한 실험을 하다가 '회로에 전압 V를 걸어 전류 I를 흐르게 했을 때, 그 비가 대체로 일정하다'라는 사실을 깨달았습니다.

그래서 V와 I의 비, 즉 $\dfrac{V}{I} = R$이라고 하고, '저항'이라고 했습니다.

즉, '옴의 법칙'이란 **'저항의 정의'를 나타낸 식**입니다.

옴은 '저항이라는 물리량을 명확하게 정의한 사람'입니다. 그래서 저항 R의 단위로 'Ω(옴)'을 사용합니다.

전에도 이 비슷한 형태를 다루었지요? 축전기에서 전압 V를 곱했을 때 전하 Q가 저장된 경우 그 비를 $\dfrac{Q}{V} = C$라고 하고 전기 용량이라고 했지요. 그것과 비슷한 맥락입니다.

'저항'을 결정하는 요인

'저항 R'을 조금 더 자세히 알아봅시다.

R을 결정하는 요인이 무엇일지 생각해보면 정성적으로 다음 두 가지가 있다고 유추합니다.

① '도선의 길이가 길면 저항값이 크다' → R은 길이에 비례

② '도선의 단면적이 크면 저항값이 작다' → R은 단면적 S에 반비례

빨대를 떠올려보세요.

매우 긴 빨대로는 주스를 마시기 어렵지요(전류가 흐르기 어렵습니다). 또 굵은 빨대라면 많은 주스가 통과합니다(전류가 잘 흐릅니다).

즉, 여기서 적당한 비례 상수 ρ를 사용해 R을 다음과 같이 쓸 수 있습니다.

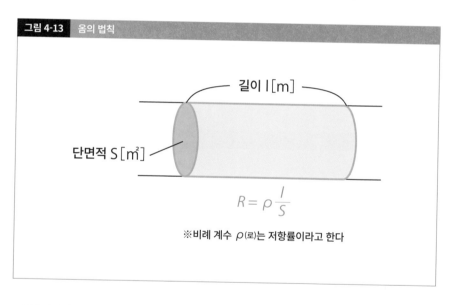

그림 4-13 옴의 법칙

길이 l[m]

단면적 S[㎡]

$$R = \rho \frac{l}{S}$$

※비례 계수 ρ(로)는 저항률이라고 한다

여담이지만, 옛날에는 '저항 R'의 역수라는 물리량도 고려한 적이 있었습니다.

그 단위를 'Ohm(옴)'을 거꾸로 읽어 'mho(모)'라고 부르기도 했는데, 아쉽게도 널리 사용되지는 못했습니다.

전류가 흘러서 생기는 열 '소비 전력'

전류 때문에 발생하는 '줄 열'

'전력'이라는 용어를 처음 들어보는 분은 안 계시겠지요. 일반적으로 '전력'은 '소비 전력'을 가리킵니다.

여기서는 물리학의 관점에서 '전력'을 알아보겠습니다.

일상생활 속에서 전화 제품이나 PC, 스마트폰 역시 오랜 시간 사용하면 서서히 뜨거워집니다. 즉, **'열에너지'가 발생합니다.**

그림 4-14 줄 열

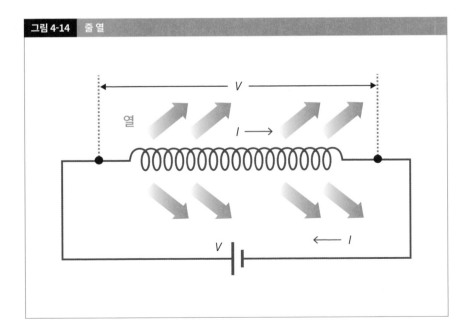

전압 V로 전류 I를 흐르게 하면 반드시 열이 납니다. 이때 발생하는 열을 '줄(Joule) 열'이라고 합니다.

열이 나는 이유는 금속 내의 양이온에 자유 전하가 이동하고 부딪혀서 열 진동이 발생하기 때문입니다. 분자 등의 입자가 진동하면 온도가 올라간다는 사실은 제2장에서 알아보았습니다.

'단위 시간당 줄 열'을 '전력'이라고 합니다.

빵을 굽는 '전기 토스터'는 바로 이 줄 열을 이용한 조리 기구입니다.

여러분의 집에 배달되는 전력 회사의 청구서를 보면 사용한 전기량 값이 기록되어 있고, 거기에 맞게 지불할 금액이 표기되어 있습니다.

수식에서 소비 전력을 표현하는 방법은 매우 간단합니다.

그림 4-14의 경우 전지의 전압이 V, 전류가 I만큼 흐르므로 회로 내의 전하는 1초 동안 IV의 일을 전지에 의해 받고 있습니다.

즉, 전하가 매초 IV의 일을 받는다면 전하의 속도는 점점 빨라지고, 전류의 값 I도 증가해야 하는데, 실제로 회로를 구성해보면 I는 대체로 일정합니다. 그 이유는 받은 일 IV를 모두 열에너지로 공기 중으로 버리기 때문입니다. 이것이 바로 '소비 전력'입니다.

소비 전력은 기호로 P를 사용합니다. 따라서 소비 전력 P는 $P=IV$로 표현하고 단위는 [W(와트)]를 씁니다.

회로의 전류, 전압을 구하는 '회로 방정식'

'회로'란 '전하의 루프'

회로 소자라고 불리는 부품을 도선에 연결해 만든 루프를 '회로'라고 합니다. 어떻게든 한 바퀴 돌게 이어져 있다면 회로입니다. 회로의 목적은 다음 두 '전하의 정보'를 얻기 위해서입니다.

- 축전기에 '축적된 전하(계속 쌓여 있는 전하)'의 정보
- 저항에 흐르는 '전류(이동하는 전하)'의 정보

그리고 이 '전하의 정보'를 끌어내는 방법은 매우 간단합니다.
'전하·전류 보존 법칙'과 '회로 방정식'을 만들면 됩니다.

전하 보존 법칙

전하란 질량과 전기량을 가진 입자입니다. 전하는 원칙적으로 아무것도 없는 곳에서 스스로 출현하거나 소멸하지 않습니다.

구체적인 예를 보면서 확인해봅시다. 먼저, 주로 축전기에서 이용하는 '전하 보존 법칙'부터 해설합니다.

그림 4-15에 있는 회로를 살펴봅시다.

세 개의 축전기에 쌓여 있는 전하의 합계는 0, 즉 전혀 전기를 띠지 않고 있다고 가정합니다.

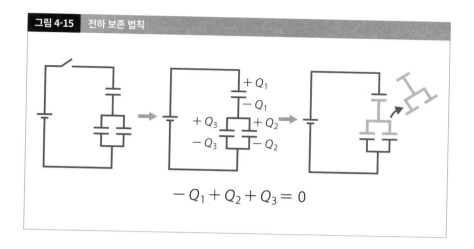

그림 4-15 전하 보존 법칙

$$-Q_1 + Q_2 + Q_3 = 0$$

전류 보존 법칙

아래 그림처럼 회로 안에 있는 마디 점 A로 좌측에서 전류 I_1과 I_2와 I_3가 유입된 후 오른쪽으로 i_1과 i_2가 유출되었다고 합시다. 전하의 흐름인 전류도 사라지지 않으므로 다음 식이 성립합니다(참고로 이 식을 '키르히호프의 제1법칙'이라고 합니다).

$$I_1 + I_2 + I_3 = i_1 + i_2$$

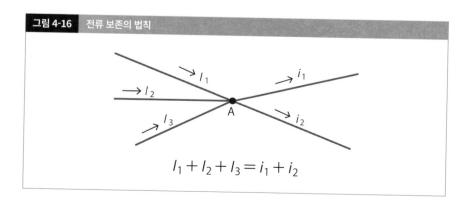

그림 4-16 전류 보존의 법칙

$$I_1 + I_2 + I_3 = i_1 + i_2$$

회로 방정식

회로의 해석에서 가장 중요한 '회로 방정식'인 '키르히호프의 제2법칙'을 알아보려고 합니다.

회로는 '하나의 루프'가 있는 상태입니다. 다시 말해 어떤 시작 지점의 전위가 일주하고 원래 위치로 돌아오면 그만큼 전위가 내려가야 합니다(전위는 전기적인 위치 에너지, 즉 전기적인 '높이'입니다). 다음 그림은 저항 두 개와 전지만으로 만들어진 간단한 회로입니다. 전지의 기전력은 V, 저항은 각각 R_1, R_2라고 합니다. 그러면 저항에 흐르는 전류를 가정합니다. 이 회로에서는 분기 없이 저항 두 개에는 같은 크기의 전류 I가 흐릅니다.

저항에 걸리는 전위차(전압)는 아래 그림처럼 가정합니다.

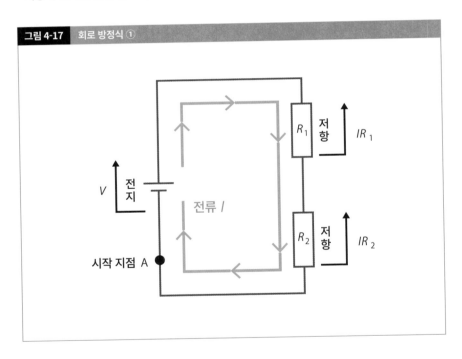

그림 4-17 회로 방정식 ①

전위가 높은 곳에서 낮은 곳으로 전류가 흐르기 때문에 전류를 가정한 시점에서 전위의 높낮이는 결정됩니다.

이번에는 전위의 관계성에 대해 살펴봅시다. 회로의 루프를 한 바퀴 도는 것을 '등산'으로 예를 들겠습니다. 한번 산에 오르면, 결국 내려와야 합니다.

회로가 A점을 시작 지점으로 한 바퀴 돌 때 전지의 전위는 먼저 'V만큼 올라'갑니다. 그리고 정확하게 A점에 돌아오려면 V만큼 다시 내려가야 합니다.

아래 그림처럼 두 개의 저항 'R_1과 R_2에서 $IR_1 + IR_2$만큼 내려간다'라는 점에서 앞뒤가 맞습니다. 즉 '$V = IR_1 + IR_2$'라는 식이 성립합니다. 이것을 회로 방정식이라고 합니다.

그림 4-18	회로 방정식 ②

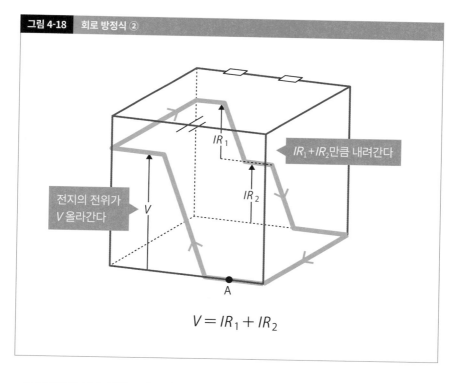

전지의 전위가
V 올라간다

$IR_1 + IR_2$만큼 내려간다

$$V = IR_1 + IR_2$$

위 그림에서 보듯이 **'회로 방정식'이란 '전압상승＝전압강하'**라는 식입니다. 간단하게 **'올라간 만큼 내려간다'**라는 말입니다.

전하가 자기장으로부터 받는 힘 '로런츠 힘'

전하가 자기장으로부터 받는 힘 = 로런츠 힘

전자기 현상에서 중요한 '전기장' 외에 나머지 하나의 '장'인 '자기장'에 대해 생각해보겠습니다. '자기장'은 도대체 어디에 영향을 줄까요?

과학자들은 항상 '이 우주에는 분명히 조화성, 정합성을 가진 법칙이 있다'라는 믿음을 가지고 연구를 합니다. 가장 조화로운 개념의 하나로 '대칭성'이 있습니다. 수리 과학자는 이 '대칭성'이라는 말을 무척 좋아합니다.

전기장을 떠올려보세요. 전기장의 영향을 받는 것은 '전하'입니다. 그리고 맥스웰 방정식 ①의 가우스 법칙에서 전기장을 만드는 원인도 '전하'입니다.

'자기장'에 대해서도 과학자들은 같은 현상이 일어나기를 기대했고, 그 바람이 자연계에 받아들여져 현실이 되었습니다(자기장은 보통 기호 B를 사용합니다).

즉, **자기장을 만드는 원인은 '움직이는 전하(전류)'이며, 자기장의 영향을 받는 것도 '움직이는 전하'**라는 실험 결과가 나왔다는 말입니다.

앞에서 '전기장'에서 '전하'가 받는 힘을 '쿨롱 힘'이라고 했지요. 그에 대해 '자기장'에서 '움직이는 전하'가 받는 힘을 '**로런츠(Lorentz) 힘**'이라고 합니다. 이 이름은 **헨드릭 로런츠**라는 사람의 이름을 땄습니다. 로런츠는 전자기 현상의 연구에 엄청난 공헌을 한 인물로, 아인슈타인이 '나의 인생에서 가장 중요한 인물이었다'라고 말했을 정도였습니다.

핵심은 '움직이는 전하'만 자기장에서 힘을 받는다는 점입니다. 자기장 안에서 정지해 있는 전하에 로런츠 힘은 작용하지 않습니다. '움직인다'는 '속도를 가진다'라는 말입니다. 즉, '**속**

도를 가진 전하'가 자기장의 영향을 받는다는 말이지요.

로런츠 힘의 방향은 '플레밍(Fleming)의 왼손 법칙'으로 결정됩니다. 이 법칙은 **존 플레밍**이라는 영국의 전기 공학자가 지도 학생을 위해 고안했습니다. '전하의 속도(흐르는 방향)', '자기장의 방향', '로런츠 힘'의 관계성을 '왼손의 가운뎃손가락, 집게손가락, 엄지손가락' 순으로 대응시켰지요.

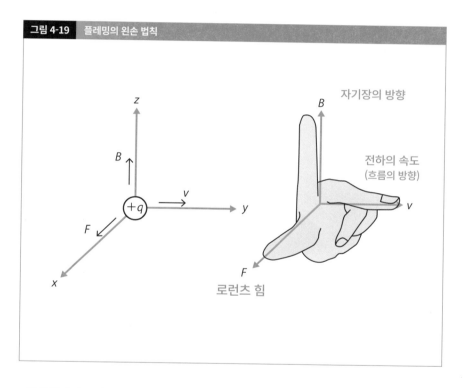

그림 4-19   플레밍의 왼손 법칙

이 그림에서 로런츠 힘의 크기 F는 아래 식으로 나타냅니다.

$$F = qvB$$

전류가 자기장으로부터 받는 힘 = Ampère(앙페르) 힘

'움직이는 전하'에 자기장으로부터의 힘이 발생한다는 사실을 알았습니다. 그러면 자연스럽게 '움직이는 전하의 집단'이라고 할 만한 '전류'도 로런츠 힘을 받는다고 예상되지요.

그래서 이번에는 '전류'에 자기장이 얼마나 영향을 주는지 생각해볼까요? 전류가 도선을 흐를 때, 마치 그 도선에 힘이 작용하는 것처럼 관측되는데, 그것을 미시적인 관점에서 수식으로 평가해보겠습니다.

아래 그림을 봐주세요.

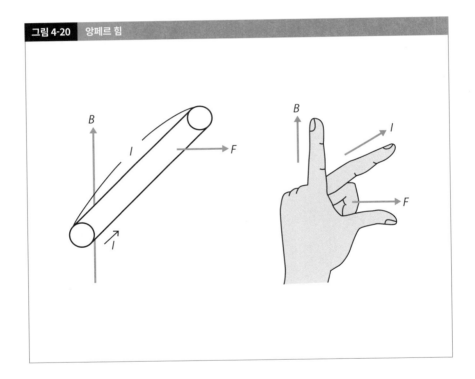

그림 4-20 앙페르 힘

도선을 굵게 그린 모형도입니다.

도선은 단면적이 $S[\text{m}^2]$, 자유 전자 밀도가 n, 자유 전자의 속도가 $v[\text{m/s}]$라고 합니다. 이때 전류의 크기는 $I=enSv$이겠지요. 단, 자유 전자의 진행 방향과 전류의 방향은 반대라는 점에유의하세요. 이 전류에 작용하는 로런츠 힘을 '앙페르 힘'이라고도 합니다. 역사적으로는 먼저 이 '전류에 작용하는 앙페르 힘'이 측정되어 수식화되고, 그 뒤에 '전하에 작용하는 로런츠 힘'일 정량화되었습니다.

결국, 도선의 l이라는 길이 부분에 작용하는 앙페르 힘은 그 길이 내에 포함된 자유 전자의 개수, 즉 nSl개의 자유 전자가 받는 힘의 합계입니다. 따라서 도선 자체에 작용하는 힘인 앙페르 힘에 대해서도 '플레밍의 왼손 법칙'이 적용됩니다. 주로 초등학교, 중학교에서 다루는 '플레밍의 왼손 법칙'은 이 앙페르 힘에 대해 사용한 것이었지요.

여담이지만, 제1회 노벨 물리학상 수상자는 **빌헬름 뢴트겐**(X선 발명으로 유명)이며, 제2회 노벨 물리학상 수상자가 헨드릭 로런츠입니다.

직류인가, 교류인가

자기장 B의 단위는 보통 [T(테슬라)]인데, 원래 토머스 에디슨의 회사에서 근무하던 **니콜라 테슬라**의 이름에서 나왔습니다.

테슬라와 에디슨 두 사람은 사이가 좋지 않았고 테슬라는 결국 에디슨의 회사를 그만두었습니다. 둘의 불화는 점점 커져 나중에 '전류 전쟁'이라는 문제로까지 발전했습니다.

에디슨은 전력 공급에 '직류 DC(Direct Current)'가 적절하다고 주장했습니다. 반대로 테슬라는 '교류 AC(Alternating Current)'가 효율 높게 공급할 수 있다고 주장했지요.

이 '전류 전쟁'은 다양한 이론과 실험에서 테슬라의 손을 들어주었습니다. 그래서 현재, 일본 가정에 공급되는 전류는 '100[V] 교류 전원'으로 만들어지고 있습니다(대한민국 가정에 공급되는 전류는 '220[V] 교류 전원'이다. - 옮긴이).

자기장의 모양을 나타내는 '오른나사의 법칙'

자기장의 발생

앞에 나온 맥스웰 방정식 ②에서 '자하'가 발견되지 않았다고 말했습니다. 결국 '자기장은 전기장의 시간 변화(전류)에 의해 발생'합니다. 그래서 전류를 흐르게 할 때의 '자기장의 모습'에 대해 공통의 성질로 자주 이용되는 '오른나사의 법칙'을 알아보겠습니다.

지구의 자기장 = 지구 자기

지구라는 행성은 자기장을 가집니다. 이 자기장을 '지구 자기'라고 합니다.

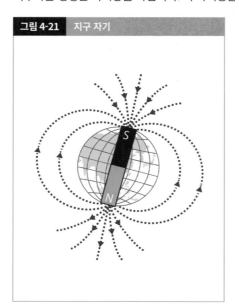

그림 4-21   지구 자기

지구 물리학에 '지구 내에는 "전류"에 상당하는 것이 있지 않을까?'라는 명제가 있었는데, 현재에는 지구 내부의 외핵이라는 걸쭉하게 녹은 철이나 니켈 등의 금속이 끊임없이 대류하는 것이 '전류'에 해당해 지구에 자기장이 생긴다고 알려져 있습니다. 이것을 '다이너모 이론'이라고 합니다(참고로 북극이 자석의 S극, 남극이 N극에 해당합니다).

자기장의 형성 방법

자기장은 덴마크의 **한스 크리스티안 외르스테드**가 우연히 발견했습니다. 또 프랑스의 **앙드레 마리 앙페르**는 '자기장의 형성 방법'으로 다음을 정리했습니다.

'전류와 자기장의 방향은 오른나사를 돌릴 때 진행하는 방향, 회전하는 방향과 관계가 있다'

이것을 '오른나사의 법칙', '앙페르의 법칙' 또는 '오른손의 법칙'이라고 합니다.

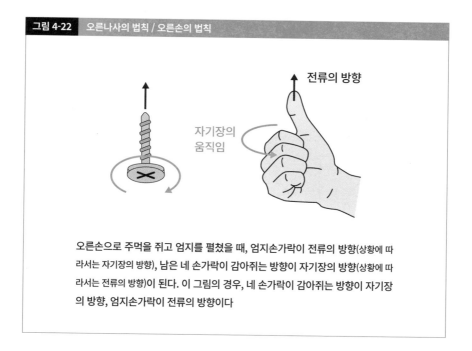

그림 4-22	오른나사의 법칙 / 오른손의 법칙

전류의 방향

자기장의 움직임

오른손으로 주먹을 쥐고 엄지를 펼쳤을 때, 엄지손가락이 전류의 방향(상황에 따라서는 자기장의 방향), 남은 네 손가락이 감아쥐는 방향이 자기장의 방향(상황에 따라서는 전류의 방향)이 된다. 이 그림의 경우, 네 손가락이 감아쥐는 방향이 자기장의 방향, 엄지손가락이 전류의 방향이다

전류가 만드는 자기장

구체적으로는 세 가지 예를 들어 '전류가 만드는 자기장'을 확인해보겠습니다.

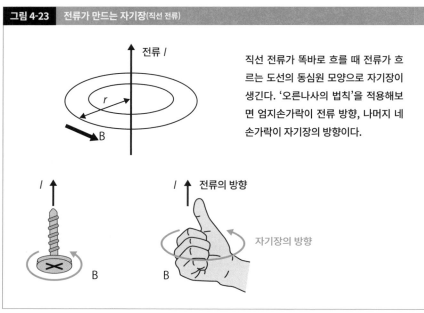

그림 4-23 전류가 만드는 자기장(직선 전류)

전류 I

직선 전류가 똑바로 흐를 때 전류가 흐르는 도선의 동심원 모양으로 자기장이 생긴다. '오른나사의 법칙'을 적용해보면 엄지손가락이 전류 방향, 나머지 네 손가락이 자기장의 방향이다.

전류의 방향

자기장의 방향

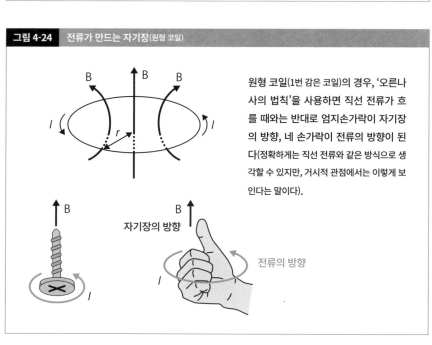

그림 4-24 전류가 만드는 자기장(원형 코일)

원형 코일(1번 감은 코일)의 경우, '오른나사의 법칙'을 사용하면 직선 전류가 흐를 때와는 반대로 엄지손가락이 자기장의 방향, 네 손가락이 전류의 방향이 된다(정확하게는 직선 전류와 같은 방식으로 생각할 수 있지만, 거시적 관점에서는 이렇게 보인다는 말이다).

자기장의 방향

전류의 방향

그림 4-25 전류가 만드는 자기장(솔레노이드 코일)

솔레노이드 코일

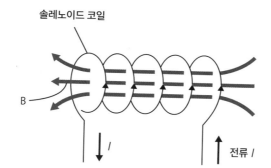

B

I

↑ 전류 I

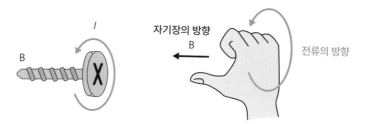

I

B

자기장의 방향
B

전류의 방향

솔레노이드 코일(도선을 여러 번 감아놓은 코일)에서는 '오른나사의 법칙'에서 엄지손가락이 자기장 방향, 네 손가락이 전류 방향이 된다. 이 그림은 왼쪽이 N극, 오른쪽이 S극인 '자석'과 같다.

자기장을 변화시키면 '전기장'이 생긴다

유도 전류와 유도 전압

이제 맥스웰 방정식 ③에 대해 알아보려고 합니다.

여러 번 감은 도선을 '코일(솔레노이드 코일)'이라고 합니다. 앞에서 말한 대로 코일에 전류를 흐르게 하면 코일을 관통하는 '자기장'이 생깁니다. 반대로 코일의 가까운 곳에서 자석을 움직이면 전지도 없는데 코일에 전류가 흐릅니다.

이렇게 코일 내부의 '자기장'이 변화해 전류가 발생하는 현상을 '전자기 유도'라고 합니다. 또 이때 흐른 전류를 '유도 전류', 발생한 전압을 '유도 전압'이라고 합니다.

패러데이가 받은 하늘의 계시

앞에서 마이클 패러데이는 집이 가난해 열세 살 무렵부터 제본실에서 책을 한 권씩 수작업으로 제본하는 일을 했습니다. 일을 하다가 휴식 시간에는 직접 제본한 과학책을 보면서 과학에 대한 사고의 폭을 넓혀갔다고 하지요.

나중에 운 좋게 당시 저명한 과학자였던 험프리 데이비의 실험 조수가 된 패러데이는 앞에서 외르스테드가 발견한 '도선에 전류를 흐르게 하면 나침반의 바늘이 움직인다'라는 실험 결과에 주목했습니다.

그러고는 '자기장(즉, 자석)을 움직이면, 전류가 흐르지 않을까?'라고 생각했지요.

패러데이의 발상은 '단순하게 자석을 둔다'가 아니라, '자석을 움직인다'라고 생각했다는 점에서 특별했습니다. 이 생각이 바로 패러데이가 받은 하늘의 계시라고 말해도 과언이 아닙니다.

코일은 '변화를 싫어한다'

전자기 유도를 생각하기 전에 코일의 성질을 확인해보겠습니다.

한마디로 말하면 **'코일'은 '심술꾸러기'입니다.** 남에게 칭찬받아도 좋아하지 않고 남에게 비난받으면 심하게 반항하는, '변화를 거부하는 부품'입니다.

이 점을 이해하면 다음의 '전자기 유도'를 이해하기 쉽습니다.

코일의 전자기 유도

'코일의 전자기 유도'를 살펴봅시다.

아래 그림처럼 코일은 한 번 감은 코일입니다.

그림 4-26 코일의 전자기 유도 ①

그림 4-27에서처럼 N극의 자석을 가지고 아래 방향의 '자기장'을 코일에 통과시켜봅시다.

만약 이 '코일'에 생각이 있다면 '응? 아까는 자기장이 없는 상태여서 편안했는데 갑자기 아래쪽으로 자기장이 생겼어! 아까 자기장이 없는 상태로 돌아가고 싶어! 그래, 위쪽으로 자기장을 만들어서 이 아래쪽 자기장을 상쇄하자!'라고 생각할 것입니다.

그림 4-27 코일의 전자기 유도 ②

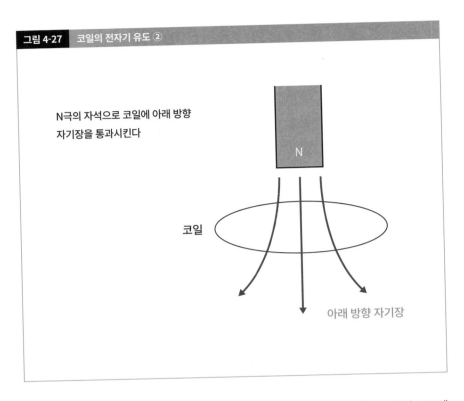

N극의 자석으로 코일에 아래 방향
자기장을 통과시킨다

코일

N

아래 방향 자기장

　그러면 '코일'은 '위 방향의 자기장'을 만들기 위해 전지가 없어도 '자발적'으로 그림 4-28에

서처럼 **'전류(유도 전류)'를 흐르게 하고, '아래 방향의 자기장'을 줄이기 위해 스스로 '위 방향**

의 자기장'을 만듭니다.

　패러데이가 발견한 이 '전자기 유도'를 강연에서 발표했을 때, 어떤 부인에게 '그것을 어디에

쓰나요?'라는 질문을 받았습니다. 이에 패러데이는 '그러면 부인, 반대로 당신에게 묻고 싶네

요. 갓 태어난 아기는 도대체 어디에 도움이 된다고 생각하시나요?'라고 대답했다고 합니다.

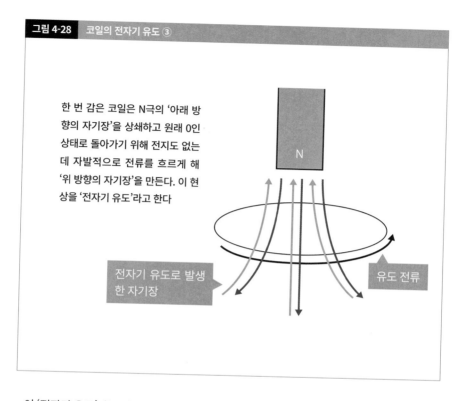

그림 4-28 코일의 전자기 유도 ③

한 번 감은 코일은 N극의 '아래 방향의 자기장'을 상쇄하고 원래 0인 상태로 돌아가기 위해 전지도 없는데 자발적으로 전류를 흐르게 해 '위 방향의 자기장'을 만든다. 이 현상을 '전자기 유도'라고 한다

전자기 유도로 발생한 자기장

N

유도 전류

이 '전자기 유도'라는 아기는 현대의 일상생활에 없어서는 안 되는 존재로 성장했습니다.

발전기나 스마트폰, 무선 충전, 역의 개찰구에 있는 IC 카드 터치, 가열 요리의 IH 기구, 바퀴를 회전시켜 빛을 내게 하는 자전거의 라이트 등, 우리 주변의 다양한 곳에 '전자기 유도'가 활용되고 있습니다. 과학은 '살아 있으며' 어떤 모습으로 성장할지는 뒤따르는 연구에 달려 있습니다.

참고로, 일본의 '교류 전류' 주파수는 동일본에서 50[Hz], 서일본에서는 60[Hz]입니다. 한 나라 안에서 전류의 주파수가 통일되지 않은 상황은 세계적으로도 무척 드문 일입니다. 이는 메이지 시대에 발전기를 해외에서 도입할 때 도쿄의 전력 회사는 주파수가 50[Hz]인 독일 제품을, 오사카의 전력 회사는 주파수가 60[Hz]인 미국 제품을 각각 수입한 흔적이 남아 있기 때문입니다(대한민국의 교류 전류 주파수는 60[Hz]이다. - 옮긴이).

제 5 장

원자
물리학

'고전 역학'에서 '현대 물리학'으로의 전환기

새로운 물리학의 시작

지금까지 설명한 내용은 17세기 뉴턴의 운동 방정식 발견에서 비롯된 고전 역학(뉴턴 역학) 이야기였습니다.

고전 역학은 19세기 말 무렵에 종말을 맞이했습니다.

뉴턴 역학의 접근으로는 설명할 수 없는 현상이, 특히 미시 세계에서 점차 관측되기 시작했지요.

그리고 고전 물리학에서 현대 물리학으로의 전환이 일어나기 시작했습니다.

상대성 이론과 양자역학 등을 다루는 양자론은 수준 높은 대학 물리 영역의 내용이므로, 여기서는 다루지 않겠습니다.

이 책의 마지막 장인 제5장에서 다룰 내용은 고전 물리학에서 현대 물리학으로 전환이 일어난 시기에 연구되었던 원자 물리학입니다. 원자 물리학은 역사적으로는 '전기 양자론'이라고 합니다.

원자 물리학의 최대 관심사는 빛입니다.

지금까지 고전 물리학에서 설명할 수 없었던 빛의 현상을, 당시의 과학자들은 어떤 접근으로 연구하고 밝혀나가려고 했는지 함께 알아보겠습니다.

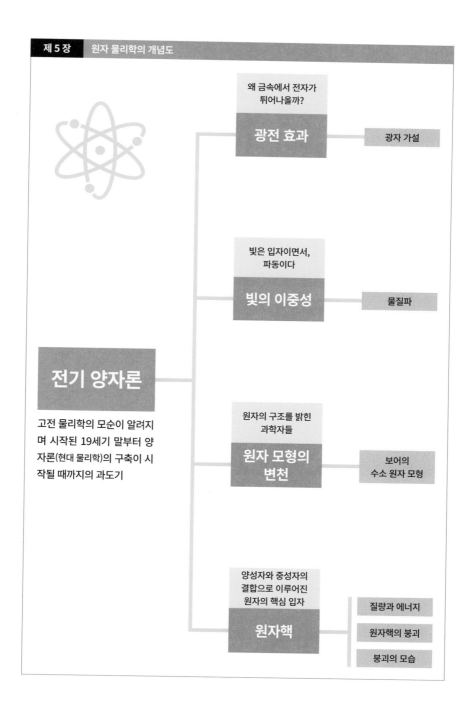

왜 금속에서 전자가
튀어나올까?

광전 효과

광자 가설

빛은 입자이면서,
파동이다

빛의 이중성

물질파

전기 양자론

고전 물리학의 모순이 알려지
며 시작된 19세기 말부터 양
자론(현대 물리학)의 구축이 시
작될 때까지의 과도기

원자의 구조를 밝힌
과학자들

**원자 모형의
변천**

보어의
수소 원자 모형

양성자와 중성자의
결합으로 이루어진
원자의 핵심 입자

원자핵

질량과 에너지

원자핵의 붕괴

붕괴의 모습

원자 레벨의 미시 세계를 연구한 '전기 양자론'

고전 물리학에서 현대 물리학으로

19세기 후반이 되면서 지금까지 이야기해 온 '역학'이나 '파동', '전자기학'과 같은 고전 물리학으로는 설명할 수 없는 현상이, 특히 미시적인 세계에서 관측되기 시작했습니다. 그리고 **고전 물리학에서 현대 물리학으로의 전환이 요구**되었습니다.

미국의 철학자인 토머스 쿤의 말을 빌리면, 바야흐로 '세계관의 전환, 패러다임 시프트'가 일어났지요.

이 장에서는 원자 물리학을 통해 고전 물리학의 한계가 어디에서 발생했고, 어떤 아이디어로 그 한계를 극복했는지 알아보는 지적 모험을 모두에게 맛보여주고 싶습니다.

'빛'이라는 어려운 문제

19세기가 끝나갈 무렵 물리학이라는 학문 자체가 종말을 맞이하고 있었습니다.

19세기를 대표하는 물리학의 대가인 켈빈 경은 한 강연회에서 **'이제 물리학으로 풀지 못할 문제는 거의 없다. 단 두 가지 먹구름이라고도 할 만한 문제만 풀면 물리학이라는 학문은 완성된다'**라고 했습니다.

이 두 가지 '먹구름'이야말로 사실 지금까지의 물리학, 다시 말해 고전 물리학을 한 번에 비약시킬 엄청난 문제였습니다.

지금까지의 고전 물리학에서 해명할 수 없었던 분야는 무엇일까요?

가장 큰 문제는 바로 '빛'이었습니다.

금속에서 전자기 튀어나오는 '광전 효과'

광전 효과

뉴턴은 모든 현상을 '입자에 의한 현상'으로 인식하려고 했기 때문에 뉴턴파는 '빛은 입자다'라고 생각했습니다.

그런데 1805년 무렵, 영국의 물리학자 **토머스 영**의 '영의 실험'으로 입자에는 절대 나타날수 없는 파동 특유의 '간섭(명확하게 말하면 "중첩")'이라는 현상이 발견되었습니다.

그리고 점차 '빛은 파동'이라는 인식이 퍼지기 시작했습니다(참고로 토머스 영은 의사이기도 했으며, 로제타 스톤을 해독할 정도로 뛰어난 천재였습니다).

영의 실험 뒤, 19세기 후반이 되자 독일의 물리학자 **빌헬름 할박스**와 **필리프 레나르트**가 '광전 효과'라는 현상을 발견했습니다. 광전 효과란 단순하게 말하면 **'금속에 특정 빛을 조사하면 금속 내에서 전자가 튀어나오는 현상'**입니다(이때 튀어나오는 전자를 '광전자'라고 합니다).

이 현상 자체는 매우 단순하며, 아마 금속 내의 전자가 **'빛에서 어떤 형태로 에너지'**를 받아튀어나온 현상이라고 예상합니다.

광전 효과의 특징

먼저 있는 그대로 광전 효과라는 현상을 생각하면, 튀어나오는 전자에는 **'튀어나오기 위해 최소한으로 필요한 에너지'**가 있음을 유추할 수 있습니다. 왜냐하면 금속을 아무 데나 내버려둔다고 해서 저절로 전자가 나오지는 않기 때문입니다.

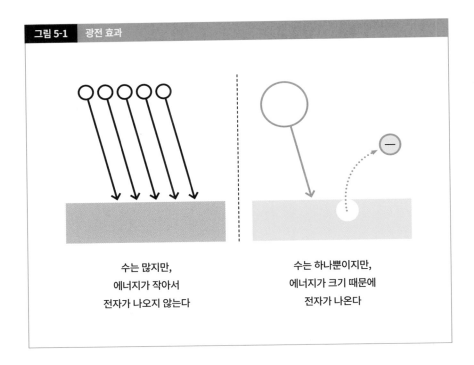

| 그림 5-1 | 광전 효과 |

수는 많지만,
에너지가 작아서
전자가 나오지 않는다

수는 하나뿐이지만,
에너지가 크기 때문에
전자가 나온다

최저 선의 에너지를 넘으면 전자가 튀어나오게 됩니다. 금속에서 튀어나온 광전자의 운동 에너지는 최대 $\frac{1}{2}mv_{MAX}^2$입니다. **'빛에서 어떤 형태로 받은 에너지'**에서 **'튀어나오기 위해 최소로 필요한 에너지'**를 뺀 값이 광전자의 운동 에너지의 최대치 $\frac{1}{2}mv_{MAX}^2$라고 생각할 수 있으므로 아래 식이 성립합니다.

$$\frac{1}{2}mv_{MAX}^2 = [빛에서 얻은 에너지] - [튀어나오기 위해 최소로 필요한 에너지]$$

이때 **[튀어나오기 위해 최소로 필요한 에너지]**를 그 금속의 '일함수 W'라고 합니다. 이런 식의 성립 자체는 이해하지만 **'빛에서 어떤 형태로 받은 에너지'**라는 점을 고전 물리학에서는 제대로 받아들이지 못했습니다.

빛을 입자로 생각하는 '광자 가설'

고전 물리학에서 생긴 모순

실험을 통해 '광전 효과'에는 다음 특징이 있음을 알았습니다.

① '특정 진동수' 이상인 빛일 때만 '광전 효과'가 생긴다(이 '특정 진동수'를 한계 진동수 v_0라고 한다)

② 빛의 진동수가 한계 진동수 v_0보다 작을 때, 아무리 밝게 해도 광전자는 튀어나오지 않는다

③ 빛의 진동수가 한계 진동수 v_0보다 클 때, 광전자 수와 빛의 밝기가 비례한다

'전기 양자론'에서는 빛의 진동수는 f보다 v(뉴)를 많이 씁니다. 위에서 얻을 수 있는 정보를 '고전 물리학'으로 설명하려고 하면 모순이 생깁니다. 이 정보는 간단히 말하면 조사하는 빛의 진동수가 높으면 전자가 튀어나오고 진동수가 낮으면 전자가 튀어나오지 않는다는 내용입니다. 앞의 '파동'에서 배운 '$v=f\lambda$'에서 '$\lambda = \dfrac{V}{f}$'이므로 '진동수가 높다 = 파장이 짧다', '진동수가 낮다 = 파장이 길다'가 됩니다. 인간의 눈에 보이는 빛으로 말하면 보라색 빛은 파장이 짧고, 빨간색 빛은 파장이 깁니다. 즉, '보라색 빛이라면 어두워도 바로 광전자가 튀어나오지만, 빨간색 빛은 아무리 밝아도 광전자가 하나도 튀어나오지 않습니다'. 이 사실에 많은 과학자는 고뇌했습니다.

여기서 등장한 이가 아마 세계에서 가장 유명한 20세기 최고의 과학자라고도 불리는 인물, **알베르트 아인슈타인**입니다.

아인슈타인의 광(양)자 가설

아인슈타인은 대학에 남아 연구자가 되고 싶어 했지만, 교수들과 사이가 좋지 않아 대학에 남지 못했습니다. 대학을 졸업하고, 바로 대학 시절의 동급생과 결혼했고, 가정교사 아르바이트를 하면서 하루하루를 보내고 있었습니다.

그러다 친구의 소개로 스위스의 특허국에 겨우 취직한 아인슈타인은 1905년, 26세에 연달아 세 개의 논문을 발표했습니다. 그중 하나가 지금까지 이야기한 '광양자 가설(그때는 광자를 광양자라고 했습니다)'에 대한 논문입니다(나머지 두 개는 '브라운 운동'과 '특수 상대성 이론'에 관한 논문으로 나중에 1905년은 물리학 분야에서는 '기적의 해'라고 불립니다).

아인슈타인은 '광자 가설'에서 다음 내용을 주장했습니다.

> 빛은 '한 알'당 에너지가 $E = h\nu$인 '**광자**'라는 '**입자**'의 움직임이다

h는 **막스 플랑크**의 이름을 딴 '플랑크 상수'이며, $h = 6.63 \times 10^{-34}$[J/s]라는 매우 작은 상수입니다. 이 h는 나중에도 다양한 곳에서 등장하므로 기억해두세요.

아인슈타인이 주장한 이 '광자 가설'에서 '광자'는 영어로 photon이라고 합니다. 끝에 붙은 on은 '광자'의 '자'를 의미합니다. 즉, 아인슈타인은 '빛을 입자라고 생각해보자'라고 제안했습니다. '고전 물리학'과는 서로 맞지 않았지만, 이 개념으로 '광전 효과'가 설명되었습니다.

'어두워도 보라색이면 전자가 튀어나오고, 밝아도 빨간색 빛에서는 전자는 나오지 않는다' 라는 내용은 다음과 같이 설명할 수 있습니다.

빛이 밝다면 '광자 알갱이의 개수'가 많다는 의미이며, 빨간색 빛은 진동수 ν가 작으므로 광자 한 개의 에너지 $h\nu$는 작습니다, 어두울 때 '광자의 개수'는 적지만, 보라색 빛은 진동수 ν

가 크므로 한 개의 에너지 hv가 크지요. 따라서 에너지가 큰 보라색 빛에서 '광전 효과'가 생깁니다.

이미지를 떠올린다면, 아무리 유리구슬을 수만 발 벽에 쏘아도 벽은 무너지지 않지만, 큰 바위는 하나만 부딪혀도 벽이 무너져버린다는 상황을 생각하면 됩니다(아인슈타인은 1921년에 바로 이 '광전 효과의 해명'으로 노벨상을 받았습니다. 유명한 '상대성 이론'으로 노벨상을 받은 것이 아니랍니다).

그러면 앞에서 나온 '광전자의 운동 에너지의 최대값' 식을 한 번 더 확인해봅시다.

$$\frac{1}{2}mv_{MAX}^2 = [빛에서 \; 얻은 \; 에너지] - [튀어나오기 \; 위해 \; 최소로 \; 필요한 \; 에너지]$$

여기서 [튀어나오기 위해 최소로 필요한 에너지]가 '일함수 W'입니다.

그리고 [빛에서 얻은 에너지]는 아인슈타인의 '광자 가설'에서 광자 한 개의 에너지는 $E=hv$임을 알고 있으므로 결국 이 식은 다음 식이 됩니다.

$$\frac{1}{2}mv_{MAX}^2 = hv - W$$

이 식은 '광전 방정식'이라고 합니다.

또 세로축이 광전자 운동 에너지의 최대값 $\frac{1}{2}mv_{MAX}^2$이고, 가로축이 진동수 v인 그래프를 그리면 그림 5-2와 같습니다.

그림 5-2   광전 방정식

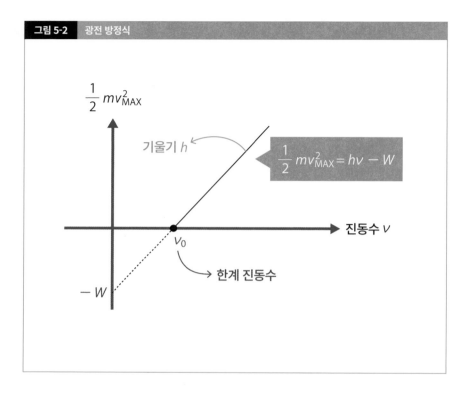

기울기는 플랑크 상수 h이며, 절편이 $-W$입니다.

또, $\dfrac{1}{2}mv_{MAX}^2 = 0$일 때, 한계 진동수는 v_0이며, 그 진동수보다 작을 때, 광전 효과는 일어나지 않으므로 점선이 됩니다.

빛은 파동인가? 아니면 입자인가?

빛의 '이중성'

아인슈타인의 광자 가설에서 '빛을 입자라고 생각'해 '광전 효과'를 설명할 수 있었습니다.

그런데 빛을 입자라고 생각하면 이번에는 영의 실험을 설명할 수 없게 됩니다. **'빛은 파동인가 아니면 입자인가?'**라는 질문이 생겼지요.

아인슈타인의 답은 '빛은 입자이면서 파동이다'였습니다.

결코 '빛의 파동성'을 부정하지 않았던 점이 아인슈타인의 유연성입니다. '파동성'도 인정하면서 '입자성'도 있다고 폭넓게 빛을 인식했지요. 이렇게 **빛은 '파동성', '입자성' 양쪽 성질을 가지고 있다는 이론이 현재에는 인정**되고 있습니다.

이 두 가지를 합쳐서 '이중성'이라고 합니다. '이중성'은 앞으로 '전기 양자론'의 키워드가 됩니다.

'이중성'이라는 개념이 생겼을 때, 물리학자들 사이에서 크게 혼란이 일었습니다. 파동을 '웨이브', 입자를 '파티클'이라고 하므로 양쪽 성질을 모두 가진 빛을 '웨이비클(wavicle)'이라고 부르는 사람도 있었습니다.

어떤 사람들은 물리학자들이 빛을 월, 수, 금요일은 '파동'으로, 화, 목, 토요일은 '입자'로 생각한다고 조롱하기도 했습니다.

빛은 우리가 '특정 수단'으로 관측할 때만 나타나며, 그 '수단'에 의해 '이중성' 중 한 가지 모습을 보여준다고 이해하면 됩니다.

전자의 파동성을 나타내는 물질파 (드브로이파)

물질이 가지는 '파동성'

앞에서 이야기한 대로 빛은 '파동성'과 '입자성'의 '이중성'을 지닙니다.

제4장의 전자기학에서도 언급했지만, 과학자는 '대칭성'을 매우 좋아합니다. 이 세계에는 질서였던 법칙이 있고, 그 법칙의 특징 중 하나로 '대칭성'이 있다고 믿는 경우가 많습니다.

1924년, 프랑스의 물리학자이며 귀족이었던 **루이 드브로이**는 '빛이 이중성을 가진다면 지금까지 입자라고 생각했던 전자도 파동성을 가질 것이다'라고 말했습니다.

즉, 빛은 '파동성'과 '입자성'의 이중성이 있다고 생각하면서 전자는 '입자성'만 있다고 생각한다면 이상하다, 전자 역시 '파동성'이 있을 것이다, 라고 문제를 제기했지요.

드브로이는 물질이 가지는 '파동성'을 나타내는 물리량을 '물질파(또는 드브로이파)'라고 하고 그 파장 λ를 다음 식으로 나타내었습니다.

$$\lambda = \frac{h}{mv}$$

드브로이의 이 가설은 나중에 미국의 **클린턴 데이비슨**과 **레스터 거머**, 일본의 **기쿠치 세이시** 연구팀의 실험으로 그 존재가 확인되었습니다.

원자 모형의 역사

최초의 원자 모형

19세기 후반에 영국의 유명한 물리학자인 **조지프 존 톰슨**이 음극선의 실험에서 '전자'를 발견했습니다. 톰슨은 전자가 원자 안에서 튀어나온다고 생각해, 그 원자의 구조에 주목했습니다.

톰슨은 '전자는 음의 전하를 가진다 → 그러나 원자는 전기적으로 중성이다 → 그러면 원자의 내부에는 전자와는 별도로 양의 전하를 가지는 부분이 있을 것이다'라고 생각해 그림 5-3에서와 같은 '원자 모형(원자 모델)'을 만들었습니다.

톰슨은 1903년에 원자는 마치 '양의 전하를 가진 빵 반죽에 음전하를 가진 전자가 건포도처럼 박혀 있는' 건포도빵 같은 형태라고 생각했습니다. 이것을 '**건포도빵 모형**'이라고 합니다.

거의 같은 시기에 일본의 **나가오카 한타로**도 원자 모형을 고안했습니다. 나가오카는 원자를 '양의 전하를 가진 토성 주위에 음의 전하를 가진 전자가 토성의 띠처럼 돌고 있는 행성 같은 형태'라고 상상했습니다. 이것을 '**토성 모형**'이라고 합니다.

러더퍼드 모형

두 사람의 원자 모형은 완전히 달랐습니다. 어느 쪽이 진실에 가까운지는 그로부터 10년 정도 뒤에 **어니스트 러더퍼드**의 실험에서 밝혀졌습니다(실제 실험은 러더퍼드의 연구원들이 했습니다). 당시, 러더퍼드는 방사선 실험을 하고 있었습니다. 원자에 양의 전하를 가진 방사선을 쏘였더니 원자의 중심 부분에 닿은 방사선은 그림 5-3과 같이 산란했습니다.

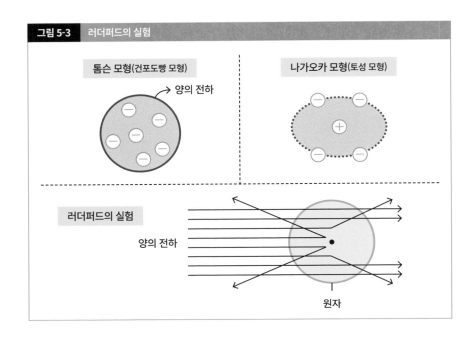

그림 5-3   러더퍼드의 실험

톰슨 모형(건포도빵 모형)

양의 전하

나가오카 모형(토성 모형)

러더퍼드의 실험

양의 전하

원자

이 실험에서 '원자 중심의 매우 좁은 부분에 양의 전하를 가진 심이 있다'라고 예상하고, 이를 '원자핵'이라고 했습니다.

모형으로는 '나가오카 모형'에 가깝게 보이지만, '톰슨 모형'이나 '나가오카 모형'이 양의 전하를 아주 크다고 한 설정에 맞지 않았습니다. 사실 '원자핵'은 원자 전체의 1만~10만 분의 1 정도의 비율입니다. 결국, 러더퍼드는 원자에 대해 '원자핵은 원자 중심의 좁은 범위에 존재한다', '전자는 그 원자핵의 주위를 빙글빙글 안정적으로 돈다'라는 성질이 있다고 이해했습니다. 중학교 과학에서는 이 러더퍼드의 결론이 원자의 모습이라고 배웁니다.

그러나 또 문제점이 있었습니다. 전자는 돌면서 에너지(전자기파)를 방출하기 때문에, 점점 에너지가 줄어 배수구에 빨려 들어가는 물처럼 어느 순간에 중심의 원자핵에 빨려 들어가야 하지만 그렇지 않았지요. 최종적으로 그 문제를 해결하고 원자의 구조를 결론지은 사람은 러더퍼드의 제자인 닐스 보어입니다.

보어의 수소 원자 모형

보어의 발상

보어는 스승인 러더퍼드의 원자 모형의 문제점을 해결하려고 일단 문제없이 설명되는 다음 가설을 만들었습니다.

① 전자는 특정한 궤도에만 존재한다(그 궤도 위에 있을 때를 정상 상태라고 한다)

② 전자가 정상 상태에 있을 때는 전자기파(에너지)를 방출하지 않는다

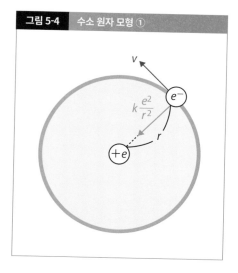

그림 5-4 수소 원자 모형 ①

그리고 수소 원자를 왼쪽과 같이 모형화했습니다.

전자 e^- 가 수소 원자핵의 주위에서 안정적으로 반지름 r의 궤도 위를 원운동하고 있다고 가정합니다. 원운동을 하므로 구심력이 존재하겠지요. 구심력은 원자핵에 있는 양전하와 전자가 가진 음전하에 작용하는 쿨롱 힘입니다. 그 전기량을 각각 $+e$, $-e$라고 합니다(e는 기본 전하량입니다).

그러면 '구심 운동 방정식'은 $m \dfrac{v^2}{r} = k \dfrac{e^2}{r^2}$ 이 됩니다. 여기서 보어는 다음 '양자 조건'을

만들어 수소 원자 모형을 설명하고자 했습니다.

$$2\pi r = n\lambda$$

(n은 자연수이며, 양자수라고 한다)

이 '양자 조건'은 **'전자는 입자로서가 아니라, 물질파(드브로이파)로서 원자핵의 주위에 안정적으로 존재하며 정상파를 형성하고 있다'**고 해석할 수 있습니다. 즉, 아래 그림과 같이 '원자의 둘레가 물질파 λ 파장의 정수배가 됩니다'(그림은 양자수 n = 4인 경우).

앞에서 말한 대로 물질파 λ는 다음 식입니다.

$$\lambda = \frac{h}{mv}$$

앞의 '양자 조건'은 $2\pi r = n\dfrac{h}{mv}$ 입니다. 이 식은 다음 식이 됩니다.

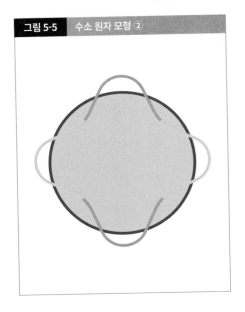

그림 5-5　수소 원자 모형 ②

$$v = \frac{nh}{2\pi mr}$$

이 식을 아래의 구심 방정식에 대입해 정리하면 수소 원자의 반지름 r을 구할 수 있습니다.

$$m\frac{v^2}{r} = k\frac{e^2}{r^2}$$

그러면 자연수인 양자수를 포함한 다음 식이 되고, 궤도는 띄엄띄엄 떨어져 있다는 사실을 알 수 있습니다.

$$r = \frac{h^2}{4\pi^2 mke^2} n^2$$

$n=1$일 때 수소 원자의 반지름을 보어 반지름이라고 하고, 그 값은 0.53×10^{-10}[m]이며, 원자 크기의 기준으로 사용되는 수가 됩니다.

따라서 원자의 크기는 약 10^{-10}[m] 정도입니다.

또 이 양자수 n의 에너지는 전자가 가지는 '운동 에너지'와 '쿨롱 힘에 의한 위치 에너지(정전기 에너지)'의 합이므로, 아래와 같이 계산합니다. 이 에너지는 '에너지 준위(Energy level)'라고 합니다.

그림 5-6 수소 원자 모형 ③

$$E_n = \frac{1}{2} mv^2 + \left(-k\frac{e^2}{r} \right)$$

$$= \frac{1}{2} \cdot \frac{ke^2}{r} - k\frac{e^2}{r}$$

$$m \cdot \frac{v^2}{r} = k\frac{e^2}{r^2} \text{ 에서}$$

$$mv^2 = k\frac{e^2}{r}$$

$$= -\frac{ke^2}{2r}$$

$$r = \frac{h^2}{4\pi^2 kme^2} \cdot n^2$$

$$= -\frac{2\pi^2 k^2 me^4}{h^2} \cdot \frac{1}{n^2}$$

사실 질량과 에너지는 같다

상식을 뒤엎은 아인슈타인의 주장

1905년은 물리학 역사상 '기적의 해'라고 불린다고 앞에서 말했지요.

그 해, 아인슈타인은 연속으로 발표했던 세 개의 논문 중 하나인 '특수 상대성 이론'에서 사실은 질량과 에너지는 같다고 주장했습니다. 광속을 c라고 하면 다음 관계식이 성립합니다.

$$E = mc^2$$

이 식은 아마 물리학에 나오는 식에서 가장 유명할 것입니다.

지금까지 가져온 '질량과 에너지는 다르다'라는 개념을 크게 바꾸는, 그야말로 혁명적이라고도 할 만한 내용입니다.

이 식은 **'질량과 에너지는 같다. 그 두 가지는 서로 연관이 있다. 질량에서 에너지가 만들어지고, 에너지는 질량이 된다'**라고 주장합니다.

처음에는 이 식이 그때까지의 상식에서 너무나 벗어나 있었으므로 평가되지 않았지만, 막스 플랑크가 지지하면서 조금씩 인정되기 시작했습니다.

열에너지나 전기 에너지, 소리 에너지, 위치 에너지, 운동 에너지 등 에너지는 다양한 형태로 변형됩니다. 질량도, 에너지가 변형되는 한 가지 형태입니다.

양성자, 중성자로 구성된 원자핵

미시 세계로

보어의 원자 모형으로 원자 구조가 밝혀지자 물리학자들의 관심은 원자핵 내부로 옮겨갔습니다.

1932년, 제임스 채드윅이 '중성자'를 발견해, 원자핵에 양의 전하를 가지는 양성자와 전기적으로 중성인 중성자가 있다는 사실을 알았습니다. '양성자'와 '중성자'는 함께 **'핵자'**라고 합니다.

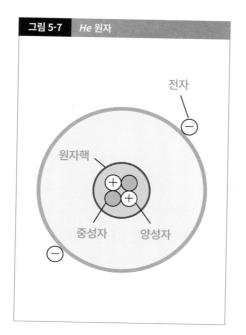

그림 5-7 *He* 원자

전자
원자핵
중성자 양성자

왼쪽 그림은 *He* 원자 모형 그림입니다.

'양성자'와 '중성자'는 거의 질량이 같습니다(중성자가 약간 큽니다). '양성자'에 비하면 전자의 질량은 $\frac{1}{1840}$ 정도로 아주 작습니다.

'양성자'는 영어로 proton이므로 기호는 *p*, '중성자'는 neutron이므로 기호는 *n*, '전자'는 e⁻를 각각 기호로 사용합니다.

이 세 가지를 표로 나타내면 그림 5-8과 같습니다.

그림 5-8　원자의 구성 입자

	기호	전하	질량
⊕ 양성자 (proton)	$^1_1 p$	$+e$	m_p라고 한다
○ 중성자 (neutron)	$^1_0 n$	0	$\fallingdotseq m_p$
⊖ 전자 (electron)	$^{\ 0}_{-1} e$	$-e$	$\fallingdotseq 0$

표기와 분류 방법

원자핵의 표기는 그림 5-9에서처럼 나타냅니다.

원자의 종류를 나타내는 원소 기호의 왼쪽 위에 질량수인 '양성자와 중성자의 합계 수'를, 왼쪽 아래에 '양성자의 수'를 씁니다. 양성자의 수는 '원자 번호'라고 합니다. 원자 번호는 전기량이 +e[C]의 몇 배인가라는 해석도 가능합니다.

또 Z(원자 번호)가 같고, A(질량수)가 다른 원자를 서로 '동위 원소(아이소토프)'라고 합니다. 질량수란 '양성자 수 + 중성자 수'이므로, 원자 번호(양성자 수)가 같으면 중성자 수가 다르다고 보면 됩니다.

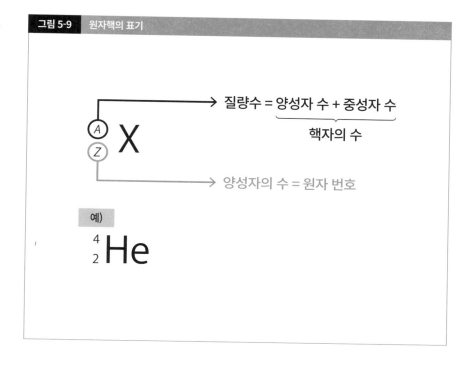

그림 5-9 원자핵의 표기

질량수 = 양성자 수 + 중성자 수
핵자의 수

$^A_Z X$

양성자의 수 = 원자 번호

예)

$^4_2 He$

'강력'의 존재

예로 든 *He* 원자핵 내의 두 양성자는 모두 양의 전하이고 매우 가까운 곳에 있으므로 무척 큰 쿨롱 힘으로 반발해 멀어지려고 해야 하지요. 그런데 현실에서는 그 양성자들이 뭉쳐 있습니다.

그러므로 양성자와 중성자, 즉 핵자 사이를 결합하는 쿨롱 힘보다 큰 힘이 존재한다고 생각하게 되었습니다. 처음에 과학자들은 이 힘을 '핵자'에 작용하는 힘이라는 의미로 '핵력'이라고 불렀습니다.

현재, 이 힘은 정확하게는 양성자나 중성자를 구성하는 입자인 쿼크에 작용하는 힘으로 여겨, 일반적으로 '강력'이라고 합니다. '강력'에는 'π 중간자'라는 소립자가 관계되어 있다고 생각하고, 그 존재를 예측한 물리학자인 **유카와 히데키** 박사는 1949년에 일본인 최초로 노벨 물리학상을 받았습니다.

핵자를 떼어내면 질량이 변한다

뒤집힌 '질량 보존의 법칙'

'질량과 에너지는 같다'라는 아인슈타인의 주장을 뒷받침하는 현상이 있습니다.

　아래 그림을 봐주세요.

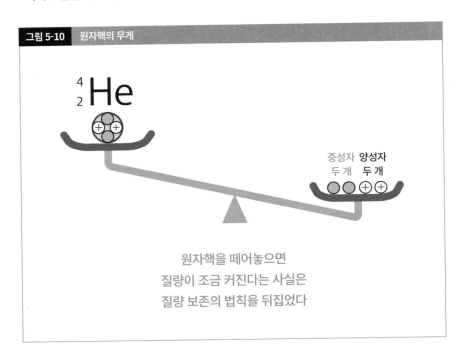

그림 5-10　원자핵의 무게

원자핵을 떼어놓으면
질량이 조금 커진다는 사실은
질량 보존의 법칙을 뒤집었다

그림처럼 중성자 두 개, 양성자 두 개로 이루어진 *He* 원자핵과 그 원자핵을 각각 떼어 놓은

중성자, 양성자 두 개씩을 저울에 달아보면 떼어 놓은 쪽이 질량이 조금 크다는 사실을 알았습

니다. 이 현상은 이른바 '질량 보존의 법칙'이라는 상식을 뒤엎고 있습니다.

이 현상에 대해 아인슈타인은 '이때 질량의 차가 에너지로 변했기 때문에 생긴다'라고 생각했습니다. 즉, '강력'으로 결합한 안정된 원자핵에서 흩어진 상태가 되려면 '강력'을 떼어낼 정도로 에너지를 가해야 하는데, 그 에너지가 질량이 되어 떨어진 다음의 핵자에 부여되었다고 생각한 것입니다.

이 질량의 차를 '질량 결손'이라고 하며, 분리된 상태가 되는데 필요한 에너지를 '결합 에너지'라고 합니다.

즉, 이 '결합 에너지'가 큰 원자핵일수록 '안정된 원자핵'입니다. 그리고 그 **'결합 에너지'가 가장 큰 원자핵이 '철'**입니다.

'철'은 잘 흩어지지 않고 안정된 원자라는 말입니다.

핵분열

'철 Fe'의 질량수는 56인데, 질량수가 56보다 작거나 크면 '결합 에너지'는 작아집니다.

다시 말해 만약 질량수가 56보다 큰 원자(우라늄 238 등)를 몇 개의 질량수가 작은 것으로 분열시키면 그 차이에 상당하는 에너지를 뽑아낼 수 있습니다. 이것이 '핵분열'입니다. 원자력 발전이나 원자 폭탄은 핵분열을 이용합니다.

핵융합

핵분열과는 반대로 질량수가 56보다 매우 작은 원자(수소 등)를 부딪치게 해 질량수가 더 큰 원자로 만들어 에너지를 얻는 '핵융합'도 있습니다. 태양은 수소를 융합시켜 헬륨을 만드는 반응을 약 46억 년 행하고 있습니다. 수소 폭탄도 이 '핵융합'을 이용합니다.

원자핵의 붕괴로 방출되는 '방사선'

방사선에 대해

자연계에 존재하는 우라늄이나 라듐 같은 원자핵은 매우 불안정하며 여분의 에너지를 입자나 전자기파의 형태로 방출해 다른 원자핵이 되기도 합니다. 이 현상을 '방사성 붕괴'(또는 간단히 '붕괴')라고 합니다. 이때 방출되는 것이 '방사선'입니다.

'방사선'의 연구는 러더퍼드나 베크렐, 퀴리 부부로 이어지며 계속되었습니다.

'방사성 물질', '방사선', '방사능'이라는 용어는 혼동하기 쉬운데, 아래와 같이 정리하면 됩니다.

- 방사성 물질 ⋯ 자연적으로 방사선을 내는 불안정한 물질
- 방사선 ⋯ 고에너지 입자나 전자기파(α선, β선, γ선 등)
- 방사능 ⋯ 방사선을 내는 성질, 능력

흔히 '방사능 누출이~'라는 말을 듣는데, 엄밀하게는 잘못된 말입니다. '방사성 물질의 누출이~'라고 바꾸어 말해야 정확하겠지요. '방사능이란, 방사선을 내는 능력'을 가리키므로 그 자체가 누출될 수는 없기 때문입니다.

'향수'에 비유해서 생각해봅시다.

'향수 = 방사성 물질'이라면 '향수의 향기 = 방사선', '향기의 강도 = 방사능'이라고 생각하면 크게 다르지 않습니다.

α 붕괴

대표적인 '붕괴' 현상은 세 가지 있습니다.

1898년, 러더퍼드는 천연 우라늄과 토륨에서 방사선이 적어도 두 가지가 나온다는 사실을 발견했습니다. 하나는 'α선', 나머지 하나는 'β선'이라고 이름 붙였습니다.

먼저, α 붕괴부터 설명합니다. α 붕괴는 원래 원자핵에서 ^4_2He 원자핵이 튀어나오는 현상입니다. 이때 나오는 ^4_2He 원자핵을 'α선'이라고 합니다.

따라서 원래 원자핵은 질량수가 4 줄고, 원자 번호는 2 줄어듭니다.

β 붕괴

처음에 'β 붕괴'는 원래 원자핵 내의 양성자가 중성자로 변하는 현상이라고 여겼습니다. 그러면 양의 전하인 양성자가 중성인 중성자가 되어 '전하 보존 법칙'에 위배됩니다.

사실 이때 동시에 '전자'도 튀어나옵니다. 이 '전자'가 'β선'의 정체입니다.

그런데 이 'β 붕괴'가 다소 신기한 현상으로, 여러 실험으로 나오는 중성자나 전자의 에너지나 운동량을 확인해보면, '에너지 보존 법칙'이나 '운동량 보존 법칙'이 깨진 것처럼 보였습니다. 그래서 과학자들은 'β 붕괴는 인류가 처음으로 직면한 에너지 보전이나 운동량 보존이 성립되지 않는 현상이다'라고 생각했고, 실제로 보어는 그 취지로 논문을 썼습니다.

반면, '아니다, 이 β 붕괴 역시 에너지나 운동량은 보존된다!'라고 생각한 과학자가 있었습니다. 오스트리아 출신의 **볼프강 파울리**입니다. 파울리는 'β 붕괴 역시 에너지 보존, 운동량 보존이 성립되는데 그렇게 보이지 않는 이유는 더 작아서 관측하기 어려운 입자가 하나 더 나왔기 때문이다'라고 보았습니다. 나중에 엔리코 페르미는 그것을 '뉴트리노'라고 불렀습니다. 그리고 파울리가 예상한 약 30년 뒤에 '뉴트리노'를 라이네스가 직접 관측했습니다.

여담이지만, 파울리는 실험이 너무 서툴러 실험 장치를 자주 망가뜨려서 '파울리 효과'라는 말로 주위로부터 놀림을 받았습니다. 파울리 본인은 '파울리 효과'라는 말을 마음에 들어 했다고 합니다.

이 'β 붕괴'를 일으키는 힘이 우주에 존재하는 근원적인 힘의 한 가지인 '약력'입니다.

참고로, 태양계 외에서 발생하는 뉴트리노를 세계에서 처음으로 관측한 것은 일본의 기후현 가미오카에 있는 '가미오칸데'입니다. 그 공적으로 책임자였던 **고시바 마사토시** 박사는 2002년에 노벨 물리학상을 받았습니다.

또 고시바 마사토시 박사의 제자인 **가지타 다카아키** 박사는 '가미오칸데'의 후속 시설인 '슈퍼 가미오칸데'로 뉴트리노에 질량이 있다는 사실을 밝혀내었고, 2015년에 노벨 물리학상을 받았습니다. 그리고 다시 그 후속인 '하이퍼 가미오칸데'가 착공되었습니다.

뉴트리노 연구에서 일본은 세계 정상을 달리고 있다고 하겠습니다.

γ 붕괴

마지막으로 'γ 붕괴'에 대해 알아보려고 합니다. 사실, '붕괴'라는 말을 쓸 정도로 거창한 현상은 아닙니다. 원래 원자핵은 아무것도 변하지 않습니다.

다만 에너지가 높은 상태에서 낮은 상태로 바뀔 때 그 에너지의 변화분이 전자기파(빛)가 되어 나가는 현상으로, 그 전자기파를 'γ선'이라고 합니다.

확률적으로 발생하는 원자핵의 붕괴

'붕괴'는 완전히 랜덤

마지막으로 '붕괴의 모습'에 대해 알아보겠습니다.

지금 눈앞에 언젠가 '붕괴'할 '붕괴 원자핵'이 하나 있다고 합시다. 이 원자핵이 언제 '붕괴'할지 정확하게 예상할 수 있을까요?

결론부터 말하면 '붕괴'는 '완전히 확률적으로 발생하는 현상'입니다.

즉, 눈앞의 '원자핵'이 1초 후에 붕괴할지, 1년 후에 붕괴할지는 아무도 모르는 일입니다. 단, '확률은 정해져 있는 현상'입니다.

이것이야말로 아인슈타인이 죽을 때까지 양자론을 계속 반대한 이유입니다. 아인슈타인은 스스로 양자론의 기초가 되는 '이중성'이라는 개념을 제창했으면서도, '확률 현상으로 발생한다'라는 개념을 끝까지 받아들이지 못했습니다. 나이가 들면서 반대의 의견도 더욱 강해졌던 것 같습니다.

혹시 들어본 문구일지도 모르겠습니다만, 이것이 '신은 주사위를 던지는가, 던지지 않는가'의 이야기입니다. 아인슈타인은 '신은 주사위를 던지지 않는다'라고 생각했던 사람입니다. 우주에서 일어나는 현상은 하나하나 신이 결정하고 신의 의지에 따라 모두 움직이고 있다는 서양철학을 믿었지요.

물론, '확률로 정해지는 개념은 싫다!'라고만 말했다면 그저 징징대며 떼쓰는 아이와 마찬가지이므로, 아인슈타인은 제대로 과학계에 문제를 제기했습니다. '그러면 이런 현상은 양자론, 즉 확률론에서 어떻게 생각하는지 답해보시오!'라며 양자론을 지지하는 과학자들에게 질문을 던졌습니다. 아인슈타인의 논쟁 상대가 되었던 사람이 닐스 보어입니다.

이것이 유명한 '보어 – 아인슈타인의 논쟁'으로, '신은 주사위를 던지는가, 던지지 않는가, 도대체 어느 쪽이 맞는가'라는 논쟁이었는데 모두 보어가 승리했습니다. 양자론의 승리로, 역시 '신은 주사위를 던진다'를 현대 물리학은 인정했습니다.

즉, 세상에서 일어나는 일은 신도 모른다는 결론이었습니다. 어디까지나 신은 주사위를 굴리기만 할 뿐, 어느 눈이 나올지는 알지 못합니다.

반감기

붕괴 시간과 관련된 용어로 '반감기'가 있습니다.

예를 들어, 질량수 14인 탄소 C(14C로 씁니다)의 '반감기'는 약 5700년입니다. 지금 눈앞에 있는 탄소 전체가 5700년의 2배인 1만 1400년 만에 모두 붕괴한다는 뜻은 아닙니다.

'반감기 5700년'이란 만약 14C를 1000개 가지고 있다면 5700년이 지났을 때, 그중 절반인 500개가 확률적으로 붕괴한다는 의미입니다. '반감기'는 '지금 존재하는 원자핵'의 절반이 붕괴하는 시간입니다.

탄소 연대 측정

'□□년 전의 유적이 발견되었다!', '이 발굴된 화석은 △△만 년 전의 것이다!'라는 보도를 본 적이 있으신가요?

유적이나 화석에 날짜가 쓰여 있지도 않은데, 어떻게 '○○년 전'이라고 말할까요? 바로 '연대 측정법'을 사용하기 때문입니다.

가장 많이 쓰는 연대 측정 방법으로 '탄소 연대 측정'이 있습니다. '탄소'도 방사성 물질입니다.

동식물, 즉 유기체에 빠질 수 없는 '탄소'도 방사성 물질입니다. 탄소의 동위 원소이며 질량수 14인 14C는 우주에서 날아온 우주선(우주에서 지구로 쏟아지는 높은 에너지의 미립자와 방사선. - 옮긴이)이 지구 대기의 질소 14N과 충돌해 만들어진 후 지구에 내려앉습니다.

14C는 매우 불안정한 원자로 그대로 존재할 수가 없습니다. 결국 방사선을 내고 다른 원자로 붕괴합니다.

그런데 탄소에는 12C라는 안정된 물질도 존재합니다. 즉, 우리의 주위에는 불안정한 14C와 안정된 질량수 12를 가진 12C가 있습니다.

'방사성 붕괴'의 타이밍은 일정한 확률로 발생하므로 14C는 원래 점점 줄어들어야 합니다. 하지만 우주에서 계속해서 날아오는 우주선에 의해 생성되므로 지구상에 존재하는 14C와 12C의 존재비는 일정해집니다.

동위 원소인 14C와 12C는 화학적 성질이 같으므로 식물은 광합성할 때 이들을 구별하지 않고 체내에 받아들입니다. 자연스럽게 그 식물을 초식 동물들이 먹고, 그 초식 동물을 육식 동물이 먹지요.

그러면 흡수할 때 동식물들의 체내에 존재하는 14C와 12C의 존재비도 항상 일정합니다.

그러나 식물이 마르거나 죽으면 더는 새롭게 14C와 12C를 받아들이지 못하므로 체내의 14C는 점점 수가 줄어듭니다. 따라서 유적의 나무 조각이나 화석을 조사해 14C의 감소 정도를 측정하면 '이 동식물은 죽은 지 ○○년 경과했다'라고 판단할 수 있습니다.

맺으며

'나중에 과학을 사용해 살아가지도 않고, 과학과 관련된 직업에 취직할 일도 절대 없을 거야……'

중학교 2학년 무렵 저는 진심으로 이렇게 생각했습니다.

그런데 지금은 입시 학원에서 대입 수험생들에게 '물리'를 가르치고 있습니다. 이 일에는 어떤 계기가 있습니다.

제가 다니던 학교에서는 고등학교 2학년 때 물리 수업을 시작했습니다.

15년이 넘게 지났지만, 아직도 물리 수업 첫날에 어느 교실의 어느 의자에 앉았는지까지 선명하게 기억이 납니다.

물리 교과서를 처음 펼쳤을 때 '아, 나는 대학은 물리학과에 가겠다'라고 직감했습니다. '나와 물리'가 서로 통하는 순간이었습니다.

시간이 지나 저는 정말 물리학과에 진학했습니다. 사람이 어떤 계기로 무엇인가를 좋아하게 되는 일은 쉽게 설명할 수 없습니다. 고등학생이었던 저는 '물리'에 한눈에 반했고 지금도 여전히 그 마음은 이어지고 있습니다.

마지막까지 읽어주셔서 무척 감사드립니다.

이 책으로 '여러분과 물리'가 친해지고 아주 조금이라도 '물리가 즐겁다, 생각보다 물리가 재미있다, 물리가 신기하다'라고 생각하게 되었다면 이 책의 역할은 충분히 다했다고 생각합니다.

지금까지 저의 수업을 들어주신 학생 여러분 모두에게 감사드리며 여기서 펜을 놓습니다.

다음에 또 만나기를 바랍니다.

참고문헌

- 『新·物理入門』山本義隆(駿台文庫)

- 『古典力学の形成―ニュートンからラグランジュへ』山本義隆(日本評論社)

- 『物理に関する10話』坂間勇(駿台文庫)

- 『物理教室』河合塾物理学科(河合出版)

- 『図解入門 よくわかる高校物理の基本と仕組み』北村俊樹(秀和システム)

- 『カラー図解でわかる高校物理超入門』北村俊樹(SBクリエイティブ)

- 『物理学は何をめざしているのか』有馬朗人(筑摩書房)

- 『創造への飛躍』湯川秀樹(講談社)

- 『物理学とは何だろうか上・下』朝永振一郎(岩波新書)

- 『現代物理学の自然像』W・ハイゼンベルク著、尾崎辰之助訳(みすず書房)

- 『パラダイムとは何か』野家啓一(講談社)

- 『理論物理学入門』都筑卓司(総合科学出版)

- 『10歳からの量子論―現代物理をつくった巨人たち』都筑卓司(講談社)

- 『「量子論」を楽しむ本―ミクロの世界から宇宙まで最先端物理学が図解でわかる』佐藤勝彦(PHP研究所)

- 『ニュートリノの夢』小柴昌俊(岩波ジュニア新書)

- 『古典物理学を創った人々―ガリレオからマクスウェルまで』エミリオ・セグレ著、久保亮五・矢崎裕二訳(みすず書房)

- 『X線からクォークまで 20世紀の物理学者たち』エミリオ・セグレ著、久保亮五・矢崎裕二訳(みすず書房)

이 책을 집필하는 데 이상의 책을 참고했습니다. 이 자리를 빌어 깊이 감사의 말씀을 드립니다.